GESTION DE LA EFICIENCIA EN PLANTAS DE TRATAMIENTO DE AGUAS Y AGUAS RESIDUALES

Versión e-PTA+AR 2.0

I0480416

Fundamentos y Manual del Usuario

EFICIENCIA DE REMOCION DE CONTAMINANTES EN:

- Descargas de Aguas Residuales Domesticas en Aguas Superficiales o Subsuelo.
- Descargas de Aguas Residuales Domesticas en Aguas Costero-Marinas.
- Descargas de Aguas Residuales Industriales al Alcantarillado.
- Descargas de Aguas Residuales Industriales al subsuelo.
- Estaciones de Tratamiento de Aguas Potabilizables.

JUAN NICOLAS FAÑA B.
EDICIONES GHeN - 2020

GRUPO HIDRO-ECOLOGICO NACIONAL, INC.

DEDICATORIA:

A todos mis amables lectores.
Con la esperanza de que alcancemos un desarrollo tangible.
Y un incremento sostenible de la calidad de vida <u>PARA TODOS...</u>

CONSERVAR EL AMBIENTE Y LA CALIDAD DEL AGUA,
ES PRESERVAR LA VIDA

- J. N. FAÑA -

===

PRINCIPIOS GHeN

<u>EL PRINCIPIO DE LA ECOLOGIA PREVENTIVA:</u> "Siempre es más económico, simple y viable prevenir cualquier contaminación o degradación ambiental; que corregir la naturaleza dañada o trastornada".

<u>EL PRINCIPIO DE LA ECOLOGIA RACIONAL:</u> "Siempre preferiremos expresarnos a partir de investigaciones lógicas; y no influenciados por ideas preconcebidas y basadas en concepciones puramente antropocéntricas, tecnocéntricas, ni ecocéntricas"

Eficiencia en Plantas de Tratamiento de Aguas y Aguas Residuales.

Introducción.

Desde hace algunas décadas, a nivel global se ha tenido conciencia de los problemas relacionados con la disposición final de los residuos líquidos provenientes de los sectores industriales, comerciales, institucionales y domésticos, además de que cada vez es más difícil lograr una eficiente potabilización del agua para beber; y por consiguiente se ha mostrado preocupación y se ha buscado la forma de resolver o por lo menos aminorar la contaminación presente en aguas potabilizables, así como la proveniente de las aguas residuales.

No obstante, conforme con estudios realizados por la ONU, "en el mundo sólo se trata el 20% de las aguas residuales" (y de ese porcentaje habría que descontar las plantas de tratamiento que no funcionan eficientemente; no tenemos datos acerca de qué porcentaje se trata adecuadamente en República Dominicana).

Por otro lado las enfermedades relacionadas con el agua de bebida y usos domésticos, se cobran 3.5 millones de vidas anuales en América Latina, África y Asia, un valor que es superior a la suma de las muertes por SIDA y accidentes de auto.

El director del Consejo Mundial del Agua, que agrupa a gobiernos, asociaciones y centros de investigación, Benedito Braga, advierte que: "Hay una necesidad absoluta de incrementar la seguridad hídrica para superar los desafíos que suponen el cambio climático y la influencia del hombre"; en ese sentido es impostergable elevar el porcentaje de procesamiento de los residuales líquidos, porque es clave contra el estrés hídrico; por otro lado la ONU prevé que en 2030 la demanda mundial de agua de buena calidad será superior en 40% a las provisiones naturales de agua, lo cual presionará aún más la situación.

Un ex-funcionario del INDRHI ha dicho: "Las aguas de desecho dispuestas en una corriente superficial (lagos, ríos, mar) sin ningún tratamiento (**o con un tratamiento deficiente agrego yo**), ocasionan graves inconvenientes de contaminación que afectan la flora y la fauna (**y especialmente la vida humana**).

Estas aguas residuales, antes de ser vertidas en las masas receptoras, deben recibir un tratamiento adecuado, capaz de modificar sus condiciones físicas, químicas y microbiológicas, para evitar que su disposición cause los problemas antes mencionados. El grado de tratamiento requerido en cada caso para las aguas residuales deberá responder a las condiciones que acusen los receptores en los cuales se haya producido su vertimiento".

Las plantas de tratamiento de aguas residuales y de potabilización de aguas, deben ser diseñadas, construidas y operadas con el objetivo de convertir el efluente líquido proveniente del uso de las aguas de abastecimiento, en un efluente final aceptable, y para disponer adecuadamente de los sólidos ofensivos que necesariamente son separados durante el proceso. Esto obliga a satisfacer ciertas normas o reglas capaces de garantizar la preservación o recuperación de la calidad de las aguas tratadas al límite de que su reuso posterior no sea descartado.

Es pues una responsabilidad ciudadana, empresarial y humana, tomar conciencia de esta problemática y actuar en consecuencia:

1. Construyendo el sistema de tratamiento adecuado para los residuales líquidos que generamos en nuestros hogares e instituciones de todo tipo, sean éstas educativas, comerciales o industriales. Estos sistemas podrían ser tan simples como un séptico, hasta una compleja planta de tratamiento de tamaño medio o grande; pero lo importante es que el sistema sea adecuadamente diseñado, construido y operado. (esto último es muy importante, sobre todo en lugares donde se construyen "cosas" y luego no se les da el mantenimiento necesario para que sigan funcionando bien).

2. Asegurando que las agua de uso común y de bebida estén debidamente tratadas, para eliminar los contaminantes físicos, químicos y biológicos que pudieran ser perjudiciales para la salud de los usuarios.

3. Además, para ser operado adecuadamente se deberá determinar la eficiencia del sistema de tratamiento; para que cumpla con las condiciones para lo que fue diseñado y construido y con las normativas existentes a nivel mundial, regional y local, para los diversos tipos de aguas residuales tomando en consideración los parámetros exigidos por las normas de referencia, el "peso" o importancia del parámetro en cuestión, conforme con el estado actual de conocimiento, entre otros factores.

Regularmente, la **eficiencia de remoción** de la carga contaminante en un sistema de tratamiento de aguas se determina por una ecuación que relaciona sólo un parámetro biofísico en el influente versus el efluente, como la que indicamos a continuación:

$$\% E = (S_0 - S) / S_0 \times 100$$

Donde:

E: Eficiencia de remoción del sistema, o uno de sus componentes
S: Carga contaminante de salida (mg DQO/L, DBO$_5$/L o SST/L)
S$_0$: Carga contaminante de entrada (mg DQO/L, DBO$_5$/L o SST/L)

Conforme con esta concepción, se determina la eficiencia para cada contaminante individualmente y sólo se refieren los que son directa o indirectamente biológicos.

En nuestros trabajos como consultor ambiental de numerosas empresas de nacionales y extranjeras, hemos preferido determinar un **valor total y real de la eficiencia de los sistemas** de tratamiento de agua residual o potabilizable, tomando en consideración los parámetros esenciales requeridos por la mayoría de las normativas para cada tipo de líquido, además de las eficiencias individuales, correspondientes a los referidos parámetros de criterio normados.

Para esto no sólo incluimos indicadores biológicos o biofísicos como es la costumbre generalizada, sino que, además de los biológicos, incorporamos también parámetros netamente físicos o químicos que hay que cumplir, conforme con las normativas para aguas de cada tipo.

Marco Referencial

Este documento trata acerca del estudio previo y la evaluación consecuente de la eficiencia total de una planta de tratamiento de aguas y/o de aguas residuales, desarrollado con el objetivo de lograr una idea formal sobre el funcionamiento del sistema de tratamiento del liquido, para hacer posible obtener una serie de conclusiones que nos posibiliten la determinación de las soluciones pertinentes a los problemas potenciales, que eventualmente esté presentando el sistema en cuestión o que impiden el funcionamiento eficiente de sus procesos, para cumplir con el tratamiento y con las propiedades físico-químicas que norman el tipo de agua tratada.

Para iniciar el estudio y evaluación del sistema, se debe realizar una breve pero detallada descripción de cada uno de los componentes, procesos y/o unidades de la planta de tratamiento de aguas o aguas residuales y se obtendrá un diagnóstico previo respecto al funcionamiento y la operación del sistema en cuestión.

Para el cálculo de la eficiencia general y particular de la planta de tratamiento, se debe realizar una serie de análisis de laboratorio a una muestra tomada en el influente y otra del efluente; que incluyan algunos de los siguientes parámetros; dependiendo del tipo de agua a tratar:

Arsénico (mg/L), Cadmio (mg/L), Cianuro libre (mg/L), Cloro Residual (mg/L), Cloruros (mg/L), Cobre (mg/L), Coliformes Fecales (UFC/mL), Coliformes Totales (NMP/100 mL), Cromo Hexavalente (mg/L), DBO5 (mg/L), DQO (mg/L), Dureza (mg/L).

Además de Fenoles (mg/L), Fosfato (P-PO4) (mg/L), Fósforo Total (P total) (mg/L), Flúor (mg/L), Grasas y Aceites (mg/L), Hierro (mg/L), Manganeso (mg/L), Metales Totales (mg/L), Nitrato (mg/L), Nitrógeno Amonio (NH4) (mg/L), Nitrógeno Total (NH4+NO3) (mg/L), Oxigeno Disuelto (O2) (mg/L), pH (Adimensional), Plomo (mg/L), Presión Atmosférica (mm Hg), Sólidos Disueltos Totales (mg/L), Sólidos Suspendidos (mg/L), Sulfato (mg/L), Sulfuro (mg/L), Turbidez (NTU) y Δ de Temperaturas (Celsius).

NOTA 1: Dependiendo del tipo de liquido a tratar se analizarán solo los parámetros que sean necesarios para esa tipología, conforme con las normas que le correspondan.

NOTA 2: Más adelante nos referiremos a cada uno de los parámetros, para que el lector pueda conocer sus características, las normas a cumplir por cada uno de ellos y algunas formas de reducción de la contaminación que pueda atribuirse a los mismos.

NOTA 3: El texto incluirá las hojas electrónicas para el cálculo de las eficiencias de los sistemas de tratamiento y una auto-evaluación de los conocimientos expuestos en el mismo, para permitir que los usuarios interesados puedan obtener un certificado electrónico codificado que acredite su esfuerzo, el cual puede ser enviado a cualquier parte del mundo vía E-mail; expedido por el Grupo Hidro-ecológico Nacional, Inc. (GHeN); institución ambientalista privada acreditada oficialmente mediante el Decreto 03-97 emitido por el Poder Ejecutivo el 2 de Enero del 1997, en la República Dominicana.

TIPOS DE PLANTAS SEGUN EL PROCESO DE TRATAMIENTO

Plantas de tratamiento aeróbicas

Plantas de Tratamiento anaeróbicas

Plantas de tratamiento aeróbicas

En un resumen sencillo, las plantas aeróbicas se componen principalmente de un tanque de aireación llamado reactor en donde todos los lodos y microorganismos son mezclados para que luego las partículas se junten y se formen partículas más grandes llamadas floc biológicos, estos floc formados en este proceso se sedimentan en un tanque sedimentación o clarificador, los lodos y microorganismos sedimentados retornan al tanque de aireación y se repite el proceso. (QUIMERK LTDA, 2010).

Procesos de oxidación biológica

Los procesos de oxidación biológica son mecanismos de tratamiento mediante los cuales los microorganismos degradan la materia orgánica presente en el agua residual, así mismo dichos microorganismos se alimentan de los nutrientes orgánicos presentes en el agua residual según la ecuación:

Materia orgánica + Microorganismos + Nutrientes + O2 =>> Productos Finales + Nuevos microorganismos + Energía

Esto sucede en presencia tres reacciones fundamentales, de síntesis, de respiración endógena y de respiración oxidativa:

Las reacciones de síntesis o asimilación tienen como función la incorporación de nutrientes a los microorganismos, la reproducción de estos microorganismos es proporcional a la cantidad de nutrientes que se incorporan en ellos.

Las reacciones de respiración endógena u oxidación consisten en transformar la materia orgánica asimilada y la acumulada en forma de sustancias de reserva de gases y agua, de esta manera al unir el agua residual con los microorganismos, estos metabolizan su propio material celular ocurriendo una destrucción de sus células, generando la sucesión de nuevas especies y haciendo que la materia orgánica presente en el agua disminuya notablemente. (METCALF Y EDDY, 1985).

Procesos de Nitrificación y Desnitrificación

Son una serie de procesos llevados a cabo por diferentes grupos de microorganismos donde se elimina la materia orgánica lo que conlleva a la eliminación del nitrógeno.

El proceso de nitrificación consiste en una oxidación del nitrógeno orgánico y amoniacal a su vez, como es el ejemplo de las aminas orgánicas, este nitrógeno se transforma primeramente en nitritos y luego se transforman en nitratos, pero, estas reacciones son ejecutadas sólo por un grupo de bacterias especializadas distintas a las que degradan la materia orgánica.

El proceso de desnitrificación es básicamente el paso de los nitratos obtenidos en la nitrificación a nitrógeno atmosférico por acción de un grupo de bacterias llamadas desnitrificantes, estas bacterias actúan solamente cuando el pH está situado entre 7 y 8 con bastante carga orgánica. (METCALF Y EDDY, 1985).

Plantas de tratamiento de agua residual anaeróbica

Las plantas de tratamiento anaerobias son más complejas; consisten en la transformación y no destrucción de la materia orgánica presente en el agua residual en ausencia de oxígeno, como no hay presencia de un oxidante la transferencia de electrones permanece intacta en los gases generados por este proceso, entre los cuales el dióxido de carbono y el metano son los más abundantes.

La eliminación de la materia orgánica requiere la intervención de un grupo de bacterias facultativas capaces de reproducirse en ausencia de oxígeno, el proceso de degradación de la materia orgánica involucra cuatro pasos de transformación, los cuales indicamos a continuación:

Etapas de Transformación de la M. O.

1. Hidrólisis: Involucra bacterias hidrolíticas.

2. Acidogénesis: involucra bacterias fermentativas.

3. Acetogénesis: Involucra bacterias acetogénicas, realizado por microorganismos fermentadores que llevan los aminoácidos, azúcares, ácidos grasos, alcoholes, propionato y butirato a acetato, hidrógeno y CO2.

4. Metanogénesis: Involucra bacterias metanogénicas.

El tratamiento inicia con la hidrólisis de todo el conjunto de polisacáridos, proteínas y lípidos, la cual es protagonizada por las bacterias hidrolíticas que generan enzimas extracelulares y producen moléculas de bajo peso molecular como lo son los azúcares, los aminoácidos, los ácidos grasos y los alcoholes y son transportados a través de una membrana celular; posteriormente son fermentados a ácidos grasos con bajo número de carbonos como los ácidos acético, fórmico, propiónico y butírico, así compuestos reducidos como el etanol, además de H2 y CO2.

Los productos de fermentación son convertidos a acetato, hidrógeno y dióxido de carbono por la acción de las bacterias acetogénicas productoras de hidrógeno.

Y como se muestra en la siguiente figura, las bacterias metanogénicas convierten el acetato en metano o reducen el CO2 a metano, esta última serie de transformaciones son ejecutadas por las bacterias metanogénicas. El metano es un compuesto producido en gran cantidad por el tratamiento anaerobio el cual se puede utilizar en procesos de combustión con el objetivo de reducción de costos en procesos industrializados.

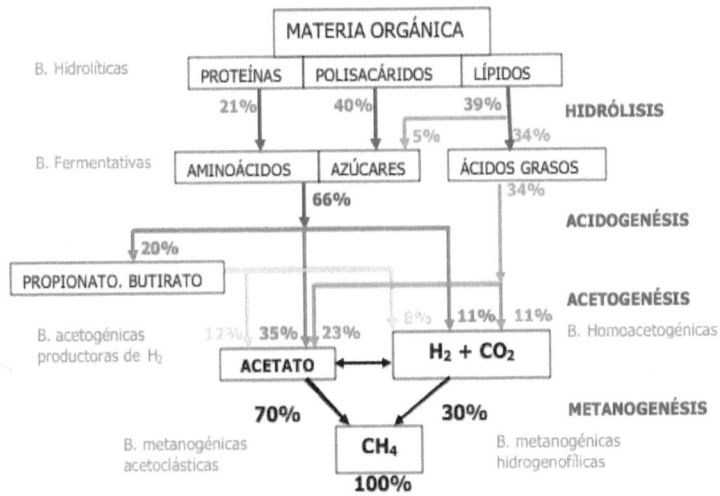

Etapas en una planta de tratamiento anaeróbica.
Fuente: **Madigan, 1997, van Haandel, 1994**

Tipos de Aguas incluidas en el software.

Generalmente en LATAM las normativas de los Ministerios de Ambiente y Recursos Naturales, especifican los siguientes tipos: *(las normas aplicadas en la hoja electrónica, son las de R. D.)*

1) Descargas de Aguas Residuales Domésticas, vertidas en Aguas Superficiales o Subterráneas.

2) Descargas de Aguas Residuales Domésticas, vertidas en Aguas Costero-Marinas.

3) Descargas de Aguas Residuales Industriales, vertidas al Alcantarillado.

4) Descargas de Aguas Residuales Industriales, vertidas al subsuelo.

5) Efluente de Estación de Aguas Potabilizables.

Los factores que afectan las eficiencias de remoción de carga contaminante en el tratamiento de aguas residuales o potabilizables son diversos, ya que los procesos físicos, químicos y biológicos que se verifican, son más o menos complejos, y sobre la naturaleza de éstos constantemente se hacen nuevos descubrimientos y se revalúan teorías.

Por esto en la determinación de la eficiencia del sistema de tratamiento respecto de cada indicador, hemos tomado en consideración el "peso" o importancia relativa de cada parámetro en cuestión, conforme con el estado actual de conocimiento y hasta donde sea posible predecir, respecto al poder de contaminación de cada indicador de criterio, mediante la asignación de un factor de ponderación consensuado con expertos, para cada caso.

Entre ellos podemos ponderar muchos con cierto grado de acierto y seguridad, dada la expertcia que poseemos respecto a las teorías, prácticas y análisis; necesarios para el tratamiento adecuado del líquido residual; aunque desgraciadamente otros dependerán de las características del sistema y habría que estudiarlos con mayor profundidad. Tales como:

La adecuación de rangos individuales que los usuarios aceptan.

El medio de soporte en la PTAR (superficie, porosidad, altura del lecho).

La percepción de daño que genera cada contaminante.

El potencial contaminante real de cada indicador.

El tiempo de residencia hidráulico (TRH).

La configuración de los reactores.

Los rangos de las temperaturas.

El contenido de nutrientes.

El pH y sus variaciones.

Y otros factores.

INDICES

Los valores de eficiencia son especies de indicadores o índices, que son de fácil estimación (matemática o gráficamente) y permiten visualizar el tipo de problema ambiental existente en una estación de tratamiento de agua, en virtud al reducido número de variables involucradas, la aplicación de estos índices representa claras ventajas económicas, por lo que sería muy importante su aplicación nacional.

Algunas de las variables incluidas en los índices de calidad del agua (ICA) e índices de contaminación en aguas residuales expresados como un valor único, han sido cuestionadas por ejemplo la temperatura, que se modifica de forma natural con la altitud y las épocas climáticas, así como los sólidos disueltos, el color, o turbidez por ser un poco subjetivas al observador; al respecto, Behar et al. (1997) plantean inquietudes por la presencia de la temperatura y los nitratos en el ICA. Prat et al. (1986) mencionan algunas incongruencias entre parámetros usados en un estudio realizado en aguas españolas. A fin de obviar esta polémica incluimos la eficiencia total del sistema, así como las eficiencias parciales respecto de cada parámetro, para visualizar las características que deberán ser controladas.

Procedimiento de cálculo de la eficiencia.

Dada la complejidad del asunto en cuestión y para facilitar el procedimiento de cálculo de la eficiencia total del sistema de tratamiento de aguas residuales; así como las eficiencias parciales (por parámetro), confeccionamos el software pertinente en Excel, para hacer menos tedioso el procedimiento. Nuestro procedimiento o algoritmo de cálculo de la eficiencia de una planta o sistema de tratamiento dependerá de cada tipo de agua en cuestión, ya que cada tipo demanda algunas particularidades, las cuales estaremos explicando en los detalles que deberemos incluir en el informe a rendir a los dueños o promotores de dichos sistemas.

GLOSARIO

A continuación una serie de conceptos comunes en la jerga referente al tratamiento de aguas y aguas residuales, contenidas en la Norma Dominicana de Calidad del Agua y Control de Descargas, *(Fuente: Ministerio de Estado de Medio Ambiente y Recursos Naturales, del 2003).*

Acuífero: formación geológica, o grupo de formaciones, o parte de una formación, capaz de acumular una significativa cantidad de agua subterránea, la cual puede brotar, o se puede extraer para consumo.

Agua Residual: agua cuya composición y calidad original han sido afectadas como resultado de su utilización. En función de su origen, se definen como la combinación de los residuos líquidos, o aguas portadoras de residuos, procedentes tanto de residencias como de instituciones públicas y privadas, establecimientos industriales y comerciales, a los que puede agregarse **no deseadas**: subterráneas, superficiales y pluviales.

Agua Subterránea: agua existente debajo de la superficie terrestre en una zona de saturación, donde los espacios vacios del suelo o las rocas están llenos de agua. Es un recurso natural que se usa como fuente de agua potable, para recreación, uso industrial y cultivos agrícolas.

Agua Superficial: agua que fluye o se almacena en superficie del terreno, incluye los ríos, lagos, lagunas y embalses.

Calidad del Agua: relación de parámetros físicos, químicos y biológicos que define la composición, grado de alteración, y la utilidad del cuerpo hídrico.

Capacidad de Asimilación: propiedad del cuerpo receptor de absorber o soportar agentes externos, sin sufrir deterioro tal que afecte su propia regeneración, impida su renovación natural en plazos y condiciones normales, o reduzca significativamente sus funciones ecológicas.

Carga Másica de Efluente: masa total del contaminante, descargada por cada unidad de tiempo.

Caudal de Control: caudal específico seleccionado en un cuerpo hídrico, para servir de base al control de la contaminación del mismo. Este caudal se escogerá basándose en las condiciones particulares del cuerpo hídrico receptor: su capacidad de asimilación de contaminantes, las variaciones de caudal durante el año y las características de la cuenca.

Condiciones Naturales: aquellas características fisicoquímicas y biológicas existentes en algún ecosistema determinado, antes de que agentes antrópicos alteren su equilibrio natural.

Coliformes fecales: parte del grupo de los coliformes asociados a la flora intestinal de los animales de sangre caliente, usados como indicador de la presencia potencial de organismos patógenos. Comprende todos los bacilos Gram negativos, aerobios o anaerobios facultativos, no esporulados, que:

a) En la técnica de filtración por membrana, produzcan colonias de color azul dentro de 24 ± 2 h, cuando se incuban en un medio m-FC a 44.5 ± 0.2° C; y/o

b) En la técnica de tubos múltiples, fermenten la lactosa con producción de gas a 44.5 ± 0.21° C dentro de 24 ± 2 h.

Coliformes Totales: conjunto de todos los coliformes, comprende todos los bacilos Gram negativos, aerobios o anaerobios facultativos, no esporulados, que:

a) En la técnica de filtración por membrana, produzcan colonias con un brillo verde dorado (brillante) metálico dentro de las 24 ± 2 h de incubación, a 35 ± 0.5oC, en medio m-Endo; y/o

b) En la técnica de tubos múltiples, fermenten la lactosa con producción de gas a 35☐± 0.5oC dentro de 48 h.

Contacto Primario: cualquier actividad, recreativa o no, en el agua, que conlleva a un contacto prolongado con el medio liquido y por tanto, expone a los individuos a una ingestión de éste en cantidades suficientes que pueden perjudicar la salud si el agua contiene patógenos. Generalmente, incluye la inmersión completa de órganos sensibles ojos-nariz-oídos en el agua.

Contacto Secundario: actividades acuáticas en las que el contacto con el agua es indirecto y los órganos sensibles como la nariz, ojos y oídos no son inmersos en el agua.

Contaminación del Agua: acción y/o efecto de introducir en el agua, elementos, compuestos, materiales o formas de energía, que alteran la calidad de ésta para usos posteriores, que incluyen el uso humano y la función ecológica. La contaminación del agua altera sus propiedades fisicoquímicas y biológicas de forma que puede producir daño directo o indirecto a los seres humanos y al medio ambiente.

Cuerpo Receptor: toda masa de agua, corriente o no, natural o artificial, superficial o subterránea (mares, ríos, arroyos, lagunas, lagos, embalses, acuíferos) susceptible a recibir directa o indirectamente vertidos o descargas de aguas residuales.

Demanda Bioquímica de Oxigeno (DBO): medida indirecta del contenido de materia orgánica biodegradable, expresada mediante la cantidad de oxigeno necesaria para oxidar biológicamente la materia orgánica en una muestra de agua, a una temperatura estandarizada de 20°C. Si la medición se realiza al quinto día, el valor se conoce como DBO5. Sus unidades son miligramos de oxigeno disuelto por litro (mg O2/L).

Demanda Química de Oxigeno (DQO). Medida indirecta del contenido de materia orgánica e inorgánica oxidable, mediante el uso de un fuerte oxidante en una muestra de agua. Sus unidades son miligramos de oxigeno disuelto por litro (mg O2/L).

Descarga o Vertido: acción de descargar o verter aguas residuales a los cuerpos hídricos receptores o a sistemas de alcantarillado.

Estuario: parte de la desembocadura de una corriente de agua en el mar en la cual el agua dulce entra en contacto y donde el efecto de flujo-reflujo de marea es perceptible.

Eutrofización: desequilibrio de un ecosistema (en su mayoría lagos, embalses y ríos de baja renovación) por la presencia excesiva de nutrientes disueltos (p.e. fósforo y nitrógeno), cuya consecuencia inicial es una mayor productividad primaria, que más tarde termina con la muerte del ecosistema por la falta de oxigeno disuelto.

Fuente: cualquier actividad o facilidad (estructura, edificio, embarcación) que pueda generar o esté generando descargas de contaminantes vertidos directa o indirectamente al medio ambiente. Las mismas se dividen en puntuales o dispersas.

Fuente Puntual: cualquier fuente discernible, confinada y discreta de la cual se descargan o pueden descargar contaminantes, incluyendo, pero no limitado a las siguientes: tubería, zanja, canal, túnel, trinchera, conducto, pozo, fisura o grieta discreta, recipiente, equipo, vehículo, operación de animales en una ubicación especifica o embarcación.

Fuente No-Puntual: cualquier tipo de contaminación que no provenga de una fuente puntual, también conocida como fuente dispersa. Ejemplos de este tipo de contaminación son las escorrentías de aguas provenientes de zonas agrícolas, operaciones mineras y áreas de construcción.

Humedales: extensión de marismas, pantanos y turberas, o superficies cubiertas de agua de forma temporal o permanente con baja profundidad, ya sean éstas naturales o artificiales, permanentes o temporales, estancadas o corrientes, dulces, salobres o saladas.

Oxigeno Disuelto (OD): es la cantidad de oxígeno gaseoso, en forma de O2, disuelto en una solución acuosa. Su concentración es inversamente proporcional a la temperatura del agua. Puede expresarse en miligramos por litro, o porcentualmente, en función de la concentración de saturación del agua a la temperatura medida.

Sistema de Alcantarillado: conjunto de redes de tuberías que transportan las aguas residuales (alcantarillado sanitario) o de escorrentía (alcantarillado pluvial) hacia facilidades de tratamiento y/o de descarga hacia cuerpos receptores. Los sistemas combinados, es decir aquellos que transportan ambos tipos de agua son prohibidos.

Otras definiciones (fuentes: Diseño de una Planta de Tratamiento de Agua Residual, y "Tratamiento de aguas residuales teoría y principios de diseño" Galeano y/o Rojas, Univ. Católica de Colombia, 2016. 2002 y otros autores indicados).

AFLUENTE: "El concepto de afluente es habitual en la hidrología en referencia al cuerpo de agua cuya desembocadura no se produce en el mar, sino que lo hace en un río superior o de mayor importancia. El afluente o tributario se une al efluente en el sitio o zona conocida como confluencia."

AGUA VIRTUAL: "La cantidad de agua embebida en alimentos u otros productos necesarios para su producción. Por ejemplo, si se requiere un M^3 de agua para cultivar un kilogramo de cereales, y un país exporta un millón de kilogramos, la descarga de agua virtual será de un millón de metros cúbicos." (NSA, Washington, DC. 2000).

AIREACION: "La aireación es el proceso mediante el cual el agua se pone en contacto íntimo con el aire para modificar las concentraciones de sustancias volátiles contenidas en ella. Su función principal en el tratamiento de aguas residuales es proporcionar oxígeno y mezcla en los procesos de tratamiento biológico aerobio."

CARGA ORGANICA: "Producto de la concentración media de DBO por el caudal medio determinado en el mismo sitio; se expresa en kilogramos por día (kg/d)."

CARGA SUPERFICIAL: "Caudal o masa de un parámetro por unidad de área y por unidad de tiempo, que se usa para dimensionar proceso de tratamiento, m3/(m2 día)".

DEMANDA BIOQUIMICA DE OXIGENO: "Cantidad de oxigeno usado en la estabilización de la materia orgánica carbonácea y nitrogenada por acción de los microorganismos en condiciones de tiempo y temperatura especificados. Mide indirectamente el contenido de materia orgánica biodegradable"

DEMANDA QUIMICA DE OXIGENO: "Medida de la cantidad de oxígeno requerido para oxidación química de materia orgánica en agua residual a alta temperatura, usando como oxidante sal orgánica de permanganato o dicromato en ambiente ácido."

DENSIDAD DE POBLACION: "Número de personas que habitan dentro de un área determinada." (Dirección General de Agua Potable y Saneamiento Básico, Co. 2000)

DESARENADORES: "Cámara diseñada para permitir la separación gravitacional de sólidos minerales (arena)".

DESHIDRATACION DE LODOS: "Proceso de remoción del agua de lodos hasta formar una pasta."

EDAD DE LODO: "Tiempo medio de residencia celular en el tanque de aireación."

EFLUENTE: "Término empleado para nombrar a las aguas servidas con desechos sólidos, líquidos o gaseosos que son emitidos por viviendas y/o industrias, generalmente a los cursos de agua; o que se incorporan a éstas por el escurrimiento de terrenos causado por las lluvias." (SPINELLI, 2016)

EMISARIO FINAL: "Colectores cerrados que llevan parte o la totalidad de las aguas lluvias, sanitarias o combinadas de una localidad hasta el sitio de vertimiento o a las plantas de tratamiento de aguas residuales." (DIRECCIÓN GENERAL DE AGUA POTABLE Y SANEAMIENTO BÁSICO, COLOMBIA. 2000)

EMISARIO: "Canal o tubería que recibe las aguas residuales de un sistema de alcantarillado y las lleva a una planta de tratamiento o de una planta de tratamiento y las lleva hasta el punto de disposición final." (DIRECCIÓN GENERAL DE AGUA POTABLE Y SANEAMIENTO BÁSICO, COLOMBIA. 2000)

FLOC: "Es un conglomerado de partículas sólidas que se genera a través de los procesos de coagulación y floculación. El floc está constituído en primer lugar por los sólidos que se separan del agua, así como también por los sólidos que aporta el coagulante." (GIL, 2016)

FLOCULACIÓN: "Es la aglomeración de partículas desestabilizadas en micro-flóculos y después en los flóculos más grandes que pueden ser depositados. La adición de otro reactivo llamado floculante o una ayuda del floculante puede promover la formación del flóculo." (LENNTECH, 2016).

INFRAESTRUCTURA: "Las instalaciones, equipo y materiales necesarios para la operación de un sistema de abastecimiento de agua o saneamiento. La infraestructura incluye sistemas de almacenamiento como presas y embalses además de sistemas de distribución y tratamiento." (NSA, Washington DC. 2000).

LICOR MIXTO: "Mezcla de lodo activado y aguas residuales en el tanque de aireación que fluye a un tanque de sedimentación secundario en donde se sedimentan los lodos."

LODOS ACTIVADOS: "Proceso de tratamiento biológico de aguas residuales en ambiente químico aerobio."

POBLACION SERVIDA: "Número de habitantes que son servidos por un sistema de recolección y evacuación de aguas residuales".

TIEMPO DE RETENCION HIDRAULICO: "Tiempo medio que se demoran las partículas de agua en un proceso de tratamiento. Se expresa como la razón entre caudal y volumen útil.

ZANJON DE OXIDACION: "Es un proceso de lodos activados, de tipo aireación prolongada, que usa un canal cerrado, con dos curvas, para la aireación y mezcla. Como equipo de aireación y circulación del licor mezclado usa aireadores mecánicos del tipo cepillos horizontales, de jaula o de discos."

PARAMETROS QUE DEFINIRAN LA EFICIENCIA DEL TRATAMIENTO.

Fuentes: a) 3ª edición de la Enciclopedia de salud y seguridad en el trabajo. (Gunnar Nordberg, Sverre Langård, F. William Sunderman, Jr., et al). b) NIOSH Pocket Guide to Chemical Hazards (NIOSH 1994). c) Manual de uso y manejo del cianuro, Nanotecol Agromineria, Antioquia; d) Evaluación Rápida de la Calidad del Agua, JNFaña, 2010.)

Dependiendo del tipo de liquido a tratar se analizan sólo los parámetros que sean necesarios para esa tipología, conforme con las normas que le correspondan.

Arsénico (mg/L)

Existen tres grandes grupos de compuestos de arsénico (As): compuestos de arsénico inorgánico, compuestos de arsénico orgánico; y gas arsina y/o arsinas sustituidas.

El As se encuentra ampliamente distribuido en la naturaleza y principalmente en los minerales sulfurosos. La arsenopirita (FeAsS) es la forma más abundante.

El arsénico elemental se utiliza en aleaciones con el fin de aumentar su dureza y resistencia al calor, como en las aleaciones con plomo para la fabricación de municiones y de baterías de polarización. También se utiliza para la fabricación de ciertos tipos de vidrio, como componente de dispositivos eléctricos y como agente de adulteración en los productos de germanio y silicio, en estado sólido.

El arsénico representa una amenaza importante para la salud pública cuando se encuentra en aguas subterráneas contaminadas. El arsénico inorgánico está naturalmente presente en altos niveles en las aguas subterráneas de diversos países, entre ellos la Argentina, Bangladesh, Chile, China, la India, México y los Estados Unidos de América.

Las principales fuentes de exposición son: el agua destinada a consumo humano, los cultivos regados con agua contaminada y los alimentos preparados con agua contaminada. **Para eliminarlo o reducirlo se usan técnicas de coagulación con Fe y Al, adsorción por alúmina activa, intercambio iónico y filtración por membrana y recientemente nano-partículas magnéticas**.

Además de cáncer de piel, la exposición prolongada al arsénico también puede causar cáncer de vejiga y de pulmón. El Centro Internacional de Investigaciones sobre el Cáncer (CIIC) ha clasificado el arsénico y los compuestos de arsénico como cancerígenos para los seres humanos; el arsénico presente en el agua de bebida también ha sido incluido en esa categoría por el CIIC. (OMS, Centro de Prensa, 2015)

Aún cuando es posible que cantidades muy pequeñas de algunos compuestos de arsénico tengan un efecto benéfico, como indican algunos estudios en animales, los compuestos de arsénico, y en especial los inorgánicos, se consideran venenos muy potentes. Dependiendo de la dosis, se pueden presentar diversos síntomas y, si ésta es excesiva, puede resultar fatal; desde cólicos, edema pulmonar, hasta la muerte.

La OMS recomienda un límite de 0.01 mg/L, "aunque los Estados Miembros pueden establecer límites más elevados teniendo en cuenta las circunstancias locales, las dificultades de medición y los recursos disponibles". En RD, la norma para el As en agua potable, es 0.05 mg/L o menor.

Cadmio (mg/L)

Las propiedades químicas y físicas del cadmio (Cd) son muy similares a las del zinc, y con frecuencia coexiste con este metal en la naturaleza. En los minerales y las menas, la proporción de cadmio y zinc suele oscilar entre 1:100 a 1:1.000.

El cadmio es muy resistente a la corrosión y se utiliza para su electrodeposición en otros metales, especialmente el acero y el hierro.

Los tornillos, las tuercas de seguridad, los pestillos y diversas partes de los aviones y vehículos de motor están tratados con cadmio con el fin de protegerlos de la corrosión.

Actualmente, sólo el 8 % de todo el cadmio refinado se usa para el galvanizado y los recubrimientos.

Los compuestos de cadmio se utilizan también como pigmentos y estabilizadores de plásticos (30 % de su uso en los países desarrollados) y en ciertas aleaciones (3 %). Las baterías pequeñas, portátiles y recargables de cadmio que se utilizan, por ejemplo, en los teléfonos móviles representan un uso del cadmio cada vez mayor (en 1994, en los países desarrollados, el 55 % de todo el cadmio se utilizó en la fabricación de estas baterías).

El cadmio puede representar un peligro para el medio ambiente y en muchos países se han adoptado medidas legislativas para reducir su uso y la consiguiente dispersión ambiental de cadmio. Tras la absorción, ya sea por vía digestiva o respiratoria, el cadmio se transporta al hígado, donde se inicia la producción de una proteína de bajo peso molecular que se une al cadmio, la metalotioneina.

Pueden producirse exposiciones a concentraciones de cadmio en la atmósfera, superiores a 5 mg Cd/m3 durante las operaciones de soldadura, corte al plasma o fundición de aleaciones de cadmio. La ingestión de bebidas contaminadas con cadmio en concentraciones superiores a 15 mg Cd/l produce síntomas de intoxicación alimentaria.

Se recomienda mantener la concentración media de cadmio respirable en niveles inferiores a 0,01 mg/m3. Se han descrito casos de exposición excesiva al cadmio en la población general por la ingestión de arroz y otros alimentos contaminados, y posiblemente también de agua contaminada.

En su control puede utilizarse sustratos de hidrocalcitas, arcillas o resinas aniónicas, carbón activado y algas marrones (Sargassum), por su capacidad de adsorber selectivamente a bajos pH: Oro; Cd, Cu, Pb, Ni y Zn.

La corteza renal es el órgano crítico en la exposición prolongada al cadmio a través del aire o los alimentos. Se calcula que la exposición crítica es de aproximadamente 200 µg Cd/g de peso en fresco, aunque, puede ser inferior. Para mantener la concentración en la corteza renal por debajo de este nivel, incluso después de toda una vida de exposición.

Hay que señalar que las lesiones renales inducidas por cadmio son irreversibles y pueden seguir progresando incluso después de que cesa la exposición. Además, varios estudios epidemiológicos demuestran una relación dosis-respuesta y un aumento en la mortalidad por cáncer pulmonar en los trabajadores expuestos al cadmio. Por esto y otras causas, este parámetro debe ser controlado con seriedad.

En Agua potable la normativa de RD para el cadmio, es de 0.01 mg/L o menos.

Cianuro libre (mg/L)

Se llama cianuro al cianuro simple, al cianuro de hidrógeno y a sus sales. Los cianuros existen en forma natural e industrialmente se les obtiene como sales. Aún a dosis bajas son compuestos letales en tiempo mínimo de exposición.

El sistema nervioso es su órgano blanco primario. Luego de ingestión, inhalación o contacto se presentan efectos neurotóxicos graves y mortales en humanos y animales. La exposición ocupacional produce alteraciones tiroideas, cefalea, vértigo, vómito, náuseas, dermatitis; y a exposiciones altas terminan en paro respiratorio y muerte.

Algunos compuestos de cianuro en micro-cantidades son indispensables para la vida. Respecto a su poder carcinógeno, al cianuro se le considera en el grupo D de los no clasificables como carcinógenos humanos.

En la minería se utiliza principalmente, para la recuperación del oro y otros metales nobles. El cianuro de sodio reacciona violentamente con el agua o cualquier solución ácida, desprendiendo HCN que es un veneno muy tóxico que puede ser fatal si no se toman las precauciones necesarias.

Las fuentes para la intoxicación con el cianuro de sodio son las siguientes:

El cianuro en forma sólida o pulverulenta, las sales de cianuro producto de los procesos de lixiviación, los gases de cianuro, ácido cianhídrico (HCN) producto de la mezcla del cianuro con cualquier ácido o con agua. **Para su eliminación en el agua puede usarse la técnica de oxidar los cianuros por medio de NaOCl (hipoclorito de sodio) en condiciones alcalinas (controlada con pHímetro), formando gas Nitrógeno como producto final y residuos eliminados con la coagulación-floculación normal: NaCN + NaOCl → NaCNO + NaCl =>**
=>2 NaCNO + 3 NaOCl + H2O → 3 NaCl + N2 ↑ + 2 NaHCO3

En todos los casos, la absorción del cianuro por el organismo es muy rápida, unos segundos si se trata por las vías respiratorias y unos 30 minutos si es por vía oral. En el caso de intoxicación cutánea, dependiendo de la intensidad de ésta, el proceso de intoxicación puede ser de 4 a 6 horas.

En humanos, la ingestión cotidiana de yuca produce neuropatías, ambliopía y alteraciones del nervio óptico, anormalidades en la glándula tiroides y, en los recién nacidos, hipotiroidismo congénito. La exposición a niveles elevados de cianuro daña el sistema nervioso central, el sistema respiratorio y el cardiovascular. Puede causar coma y la muerte.

NIOSH establece límites ambientales de 'exposición breve' para cianuro de hidrógeno 4,7 ppm o 5 mg/m^3, promediado durante 15 minutos, el que no debe ser excedido en momento alguno durante el resto del día de labor. Para exposición de 10 minutos a sales de cianuro, fija el límite máximo también en 4,7 ppm o 5 mg/m^3. Para el trabajador que se expone por más de 1 hora/día, es el límite de riesgo inmediato para la salud y la vida -IDLH por sus siglas inglesas-, que para el cianuro de hidrógeno y sus sales es 50 ppm o 25 mg/m^3.

La norma para cianuro en agua potable es de 0.05 mg/L, o inferior; y para efluentes de aguas residuales industriales es de 0.1 mg/L o menos.

Cloro Residual (mg/L)

Está ampliamente comprobado el poder desinfectante o antibacterial del cloro. Cuando se agrega al agua éste oxida la materia orgánica que se encuentren en el líquido. Al mismo tiempo su poder bactericida va disminuyendo por esa causa, por efecto de la luz y por desnaturalización espontánea.

Por ello es recomendable que en los procesos de purificación de agua en acueductos, plantas de tratamiento o a nivel doméstico se agregue en una cantidad tal que quede un "exceso controlado", que se denomina Cloro Residual.

Sin embargo es conveniente que el cloro residual "libre" o prácticamente disponible, por el principio ambiental precautorio, no exceda de ciertos valores recomendados por instituciones internacionales que han estudiado su utilización segura parala salud, tales como el Instituto Pasteur, la Organización Mundial de la Salud (OMS/OPS) y la Agencia de Protección Ambiental de EE. UU. (USEPA).

Valores de cloro residual libre superiores a 3.0 mg/L e incluso 2.0 mg/L pueden producir desde acidez estomacal, hasta graves afecciones de la salud; por lo que se recomienda que su concentración libre al momento de uso del agua clorada debe ser aproximadamente 0.2 mg/L @ 1.2 mg/L (como máximo racional); y considerar toda concentración superior a este valor, como una contaminación indeseada.

Afortunadamente hay procedimientos muy sencillos para controlar la dosificación del cloro. Para la eliminación domiciliaria del cloro en exceso puede utilizarse la adsorsión mediante sencillos filtros de carbón activado.

La facilidad y bajo costo de la purificación bacteriológica del agua con cloro y la posibilidad de lograr un cloro residual adecuado, hacen este procedimiento de desinfección preferible a hervir del agua, cuyo poder de desinfección cesa al terminar de hervir y enfriarse el líquido; mientras que permanece activo como cloro residual, por un tiempo prudente luego de la clorinación.

Cuando el agua potable sea purificada por medio del cloro no contendrá menos de 0.2 partes por millón (dos décimos de partes por millón) ni más de 0.6 partes por millón (seis décimos de partes por millón) de cloro residual, mientras que en RD las aguas de las piscinas públicas serán controladas por la SESPAS y el cloro residual de esta agua no deberá tener menos de 1.0 partes por millón.

Para los efluentes de aguas residuales, las normas dominicanas especifican los siguientes rangos:

Descargas de AR domésticas en aguas superficiales y el subsuelo: Máximo 0.05 mg/L.

Descargas de AR domésticas en aguas costero-marinas: entre 0.05 mg/L y 0.10 mg/L.

Descargas de AR industriales al alcantarillado sanitario: No normado en R. D.; pero por precaución se recomienda: ≤0.20 mg/L.

Descargas de AR Industriales en aguas superficiales y subsuelo: ≤0.20 mg/L promedio/día.

Cloruros (mg/L)

Los compuestos que resultan de la combinación del cloro con una sustancia simple o compuesta (excepto hidrógeno u oxígeno) se llaman cloruros. El cloruro más conocido es el de sodio (sal común). Éste y otros cloruros son altamente solubles, por lo que contaminan fácilmente el agua al pasar por minas de evaporitas, por intrusión salina en pozos, por efecto de la pleamar, en estuarios, etc.

El exceso de sales, mantenido por largos períodos de tiempo, más de 700-1000 mg/L puede producir o facilitar enfermedades y desórdenes osmóticos, por lo que su concentración en el agua es considerado en nuestro modelo, un importante parámetro definitorio de la eficiencia en sistemas de tratamiento de aguas potabilizables.

El aumento en cloruros de un agua puede tener orígenes diversos. Si se trata de una zona costera puede deberse a infiltraciones de agua del mar (intrusión salina). En el caso de una zona árida el aumento de cloruros en un agua regularmente se debe al lavado de los suelos, producido por las lluvias. En último caso, el aumento de cloruros puede deberse a la contaminación del agua por aguas residuales.

Los contenidos en cloruros de las aguas naturales excepto aguas costero marinas, no suelen sobrepasar los 50-60 mg/l.

El contenido en cloruros no plantean problemas inmediatos de potabilidad a las aguas de consumo, pero es deseable un límite debido a que su consumo excesivo y consuetudinario pueda acarrear o facilitar problemas de salud (tales como: náuseas, vómitos, dolor abdominal, sed, reducción de la salivación y lágrimas, temblores, fiebre, taquicardia, hipertensión, falla renal, edemas, fatiga crónica, etc.).

Además, un contenido elevado de cloruros puede dañar las conducciones y estructuras metálicas y perjudicar y/o limitar el crecimiento vegetal.

Para los grupos de población más sensibles: en lactantes, si la lactancia natural no es posible, se recomienda preparar los biberones con agua embotellada vigilando que tenga < 25 mg/l de sodio. Si se utiliza agua del grifo, verificar que no tenga niveles elevados de nitratos, nitritos y/o cloruros y hervirla, pero sólo 1 minuto, ya que la ebullición más prolongada incrementa los niveles de nitratos, de cloruros y sodio; en ancianos con hipertensión arterial y/o afectación de los riñones, se recomienda no utilizarla si tiene valores elevados de cloruro.

En personas con problemas de corazón, de arterias o con úlceras de estómago y mujeres después de la menopausia, se recomienda no beber el agua si tiene niveles elevados de cloruros y de sodio.

Se puede utilizar para cocinar, pero sin añadir o añadiendo poca sal después.

Las reglamentaciones técnico-sanitarias de las normas dominicanas establecen para el agua potable, como valor orientador de calidad, 250 mg/l de Cl⁻ y, como límite máximo permisible, 650 mg/l de Cl⁻, ya que este rango no representa en un agua de consumo humano más inconvenientes que el probable gusto desagradable del líquido, para algunas personas. **Para su disminución y control domiciliario se suelen emplear filtros de resinas iónicas, o sistemas de osmosis inversa.**

Cobre (mg/L)

Este metal y sus compuestos, cuando se encuentran en exceso en el agua, pueden producir sabores indeseables, y su concentración a niveles superiores a 1.0 mg/L puede matar a los peces y otros organismos acuáticos beneficiosos.

Cuando se emplea, por ejemplo, como sulfato de cobre, para mejorar el sabor y eliminar malos olores en estanques o cisternas, al acabar con organismos sápidos u olorosos, deberá usarse una dosis máxima igual o inferior a la indicada.

La mayoría de las normas para agua de uso común indican entre 0.2 y 1.0 mg/L, como concentraciones recomendadas y máximas permisibles en el líquido, respectivamente. **En su control puede usarse hidrocalcitas, arcillas o resinas aniónicas, carbón activado y algas marrones (Sargassum), por su capacidad de adsorber Cu selectivamente, a pH bajo.**

El cobre (Cu) es maleable y dúctil, un excelente conductor del calor y la electricidad, y su capacidad funcional se altera muy poco con la exposición al aire seco. Si se encuentra en una atmósfera húmeda con anhídrido carbónico (CO_2), se cubre con una capa verde de carbonato. El cobre es un elemento esencial del metabolismo humano.

Cuando se ingiere sulfato de cobre, también conocido como piedra azul o azul vitriolo, aún unos pocos gramos, se producen náuseas, vómitos, diarrea, sudoración, hemólisis intravascular y posible fallo renal; en raras ocasiones se observan también convulsiones, coma y muerte.

Cuando se beben aguas carbonatadas o zumos cítricos que han estado en contacto con recipientes, cañerías, grifos o válvulas de cobre se puede producir irritación del tracto gastrointestinal, que pocas veces llega a ser grave.

La ingestión accidental de sales de cobre solubles es generalmente inocua, ya que la inducción del vómito libera al paciente de gran parte del cobre. Puede existir un riesgo de toxicidad inducida por cobre en las siguientes situaciones:

• La administración oral de sales de cobre se utiliza en ocasiones con fines terapéuticos, en algunos países en vías de desarrollo;

• Se ha demostrado que el cobre disuelto procedente del filamento de ciertos dispositivos intrauterinos se absorbe sistémicamente;

• Una fracción apreciable del cobre disuelto a partir de las conexiones que eran utilizadas normalmente en los equipos de hemodiálisis puede ser retenida por los pacientes y producir aumentos significativos del cobre hepático;

• El cobre añadido frecuentemente a los alimentos para el ganado y las aves de corral se concentra en el hígado de estos animales y puede incrementar considerablemente la ingesta de este elemento al ingerir este órgano.

• También se añade cobre en grandes cantidades, en comparación con la ingesta humana normal a través de la dieta, a diversos alimentos para animales domésticos que en ocasiones son consumidos por algunas personas.

• Además, el empleo de estiércol de animales con dietas complementadas con cobre, puede producir un exceso de cobre en las verduras y cereales cultivados en los terrenos abonados con este estiércol.

Coliformes Fecales (UFC/mL) y Coliformes Totales (NMP/100 mL)

Para el análisis cuasi-estadístico de la presencia de los denominados coliformes fecales, determinamos en laboratorio las unidades formadoras de colonias de bacterias coliformes fecales por mililitro (UFC/mL) que son buenos indicadores de contaminación microbiológicas. El objetivo de estos exámenes bacteriológicos es averiguar básicamente si existe contaminación por microorganismos y en consecuencia la capacidad del agua para transmitir enfermedades al consumirla o la potencialidad de las aguas residuales para contaminar los suelos y las aguas superficiales o subterráneas donde sean dispuestas finalmente.

Las bacterias son vegetales unicelulares que se denominan saprófitas cuando son inocuas y beneficiosas para la digestión; o parásitas. Con estos exámenes bacteriológicos no se busca determinar qué organismo patogénico específico contiene una muestra de agua, sino verificar si existe algún organismo indicador (aunque no sea patógeno) pero que sea característico de las excretas intestinales de animales o humanos.

Los organismos indicadores idóneos son los del grupo coliforme, ya que todos los individuos de este tipo son habituales huéspedes de los intestinos de animales de sangre caliente (por ejemplo Escherichia coli). Además todos los coliformes se reproducen "animadamente" en un medio lactosado, formando un ácido y un gas que caracteriza su presencia, crecen en presencia de aire y no forman esporas. Por esas características tan adecuadas para evidenciar la contaminación fecal es que se usan con tanta frecuencia.

Empleando las mismas consideraciones anteriores, considerando lo arduo que resulta a veces determinar el NMP/100mL (aunque ya hay métodos simplificados) y tomando en cuenta que necesitamos calidad fuera de toda sospecha para el agua de uso común, es decir, para bañarnos, cocer los alimentos, lavar ropas, vegetales y utensilios de cocina, cepillarnos, asearnos, beber, etc.; se está promoviendo mundialmente la idea de que basta la sola presencia de 1 bacteria coliforme fecal en este tipo de agua, para degradar inaceptablemente su calidad y para descartar de inmediato el agua origen.

31

Para su control o eliminación se usa cloro gas, pastillas o gránulos de hipocloritos, o generadores de ozono.

Por esto en la definición de la eficiencia en estaciones de tratamiento de aguas potabilizadas, utilizamos el criterio de que las unidades fecales formadoras de colonias debe ser 0 UFC/mL, como parámetro bacteriológico.

Con relación a las aguas residuales, usamos como parámetros de criterio el número más probables de coliformes totales (Suma de todos aunque no sean fecales) NMP/100 mL, como indican las normas correspondientes a cada tipo de agua residual:

- Hasta 1000 para efluentes de aguas residuales domésticas vertidas en aguas superficiales o el subsuelo.

- Hasta 1000 para efluentes de aguas residuales domésticas en aguas costero-marinas.

- No normado para efluentes de aguas residuales industriales vertidas al alcantarillado, pero convenido en 1500, suponiendo que se vierte al alcantarillado para su tratamiento posterior en otra estación subsiguiente, donde podrá reducirse a ≤1000 NMP/100 mL.

- Hasta 400 para aguas residuales industriales vertidas en aguas superficiales y el subsuelo.

Cromo Hexavalente (mg/L)

El cromo elemental (Cr) no se encuentra como tal en la naturaleza; el único mineral de cromo importante es la espinela, cromita o piedra de cromo hierro, que es cromito ferroso ($FeOCr_2O_3$) y está ampliamente distribuida en la corteza terrestre. Además de ácido crómico, este mineral contiene cantidades variables de otras sustancias.

Comercialmente, sólo se emplean los minerales o concentrados que contienen por lo menos un 40 % de óxido de cromo (Cr_2O_3) o más.

La aplicación más importante del cromo puro es el cromado de una gran variedad de equipos, como piezas de automóvil y equipos eléctricos. También es ampliamente utilizado en aleaciones con hierro y níquel para formar acero inoxidable, y con níquel, titanio, niobio, cobalto, cobre y otros metales para formar aleaciones con fines específicos.

El cromo en estado de oxidación +6 (cromo hexavalente o Cr^{VI}) es el de mayor aplicación industrial por sus propiedades ácidas y oxidantes y su capacidad para formar sales muy coloreadas e insolubles.

Los compuestos hexavalentes de cromo (Cr^{VI}) más importantes son: el *dicromato sódico,* el *dicromato potásico* y el *trióxido de cromo*. La mayoría de los demás compuestos de cromatos se producen industrialmente utilizando dicromato como fuente de Cr^{VI}.

Los compuestos que contienen Cromo Hexavalente se utilizan en muchos procesos industriales, entre los que cabe destacar: la fabricación de importantes pigmentos inorgánicos como los cromatos de plomo (también utilizados para preparar verdes de cromo), los naranjas de molibdato, el cromato de zinc y el verde de óxido crómico; la conservación de la madera; la fabricación de anticorrosivos; y la fabricación de vidrios y esmaltes de color.

En un gran número de estudios realizados en Francia, Alemania, Italia, Japón, Noruega, Estados Unidos y el Reino Unido se ha descrito un aumento de la incidencia de cáncer de pulmón entre los trabajadores empleados en la fabricación y uso de compuestos de Cr^{VI}.

Los cromatos de zinc y calcio parecen ser los más cancerígenos y se cuentan entre los cancerígenos más potentes en humanos. También se ha descrito una mayor incidencia de cáncer de pulmón en personas expuestas a cromatos de plomo y a humos de trióxidos de cromo. La exposición intensa a los compuestos de Cr^{VI} ha producido una incidencia muy elevada de cáncer de pulmón en trabajadores expuestos.

En nuestro país, las normativas para el cromo hexavalente en los efluentes de plantas de tratamiento de aguas potables, exigen un máximo de 0.05 mg Cr^{IV}/L.

Para los efluentes de aguas residuales industriales vertidos en aguas cuerpos de aguas superficiales o el subsuelo es de un máximo de 0.10 mg Cr^{IV}/L.

Las resinas de intercambio iónico pueden reducir la contaminación de cromo a unos niveles aceptables y también para recuperar el cromo para su reciclaje.

En general las formas de ión $Cr^{(VI)}$ son aniónicas. Estos complejos aniónicos de Cr(VI) pueden retenerse usando una resina de intercambio de aniones de base fuerte. (Ej: Dowex 21K KLT™).

DBO5 (mg/L)

Se define como D.B.O. (demanda biológica de oxigeno) de un líquido a la cantidad de oxígeno que los microorganismos, especialmente bacterias, hongos y plancton, consumen durante la degradación de las sustancias orgánicas contenidas en la muestra. Se expresa en mg/L.

Cuando se necesita comprobar el estado o la calidad del agua en lagos, ríos, quebradas, lagunas o efluentes, la demanda biológica de oxigeno es un parámetro fundamental para esta medición. Cuanta mayor cantidad de materia orgánica contienen las muestras, más oxígeno necesitan los microorganismos para oxidarlas, por esto es un buen indicador de contaminación biológica.

Se registra la lectura de DBO después de 5 días de incubación, porque después de este período ocurre la nitrificación. La nitrificación requiere de oxigeno, por lo que la disminución de oxigeno disuelto o incremento de DBO, ya no se debe a la oxidación del carbono orgánico que es lo que se desea medir en este tipo de prueba.

El proceso de nitrificación en la digestión del material orgánico se verifica aproximadamente así: a los 5 días, el % de Oxidación de la Materia Orgánica es 60-70 % de la DBO Total; y a los 20 días será de 95-99 % de la DBO Total.

Este parámetro tiene la desventaja del tiempo requerido para su determinación que es de cinco días, por esto a veces se estima a partir de la DQO, en efluentes en los que se acostumbra su análisis recurrente durante un tiempo relativamente largo, luego del cual se puede tener un promedio de la relación DBO5/DQO=f; de la cual, conociendo el valor del factor f, se analiza la DQO y se calcula la DBO5, será: DBO5 = f x DQO.

En casos de urgencia, también se puede calcular la DBO5 antes de que finalice el periodo de incubación de 5 días siguiendo el procedimiento indicado a continuación, para temperaturas y tiempos no estándares:

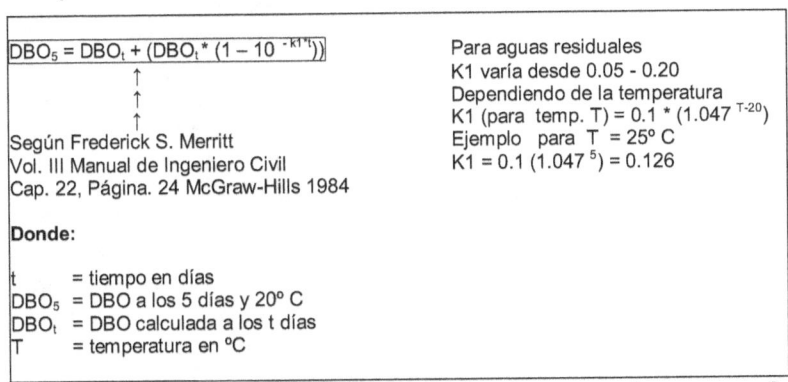

$$DBO_5 = DBO_t + (DBO_t * (1 - 10^{-K1*t}))$$

Según Frederick S. Merritt
Vol. III Manual de Ingeniero Civil
Cap. 22, Página. 24 McGraw-Hills 1984

Donde:

t = tiempo en días
DBO_5 = DBO a los 5 días y 20° C
DBO_t = DBO calculada a los t días
T = temperatura en °C

Para aguas residuales
K1 varía desde 0.05 - 0.20
Dependiendo de la temperatura
K1 (para temp. T) = $0.1 * (1.047^{T-20})$
Ejemplo para T = 25° C
K1 = $0.1 (1.047^5)$ = 0.126

Para disminuir la DBO, se recomienda usar cloro para la bajar la contaminación bacteriológica, el control de fosfatos potencialmente presentes en el agua residual, el incremento de la aireación, la adición de ozono, entre otros.

Las normas de RD determinan los valores aceptados de DBO5 en aguas residuales.

35 a 50 mg DBO5/L para efluentes residuales domésticas en superficies o subsuelo*.

70 a 100 mg DBO5/L para aguas residuales domésticas en aguas costero-marinas*.

Hasta 250 mg DBO5/L para aguas residuales industriales vertidas al alcantarillado.

≤ 50 mg DBO5/L para aguas residuales industriales en aguas superficiales y el subsuelo**.

* Depende de el # de habitantes equivalentes
** Valor promedio de análisis diario de DBO5

DQO (mg/L)

La demanda química de oxígeno es una medida compleja de la contaminación química del agua, basada en la determinación de los miligramos de Oxígeno (O2) consumidos por litro de muestra que se somete a un proceso de "digestión", por ejemplo, (mediante uno de los métodos más usados) se calienta la muestra a 150° C durante dos horas en presencia de un agente oxidante fuerte (como el dicromato de potasio).

Esto hace que los compuestos orgánicos oxidables reaccionen reduciendo el ión dicromato en un ión crómico, del cual se determina su remanente, mediante un espectrofotómetro.

El reactivo también debe contener iones de plata que sirven como catalizadores, e iones de mercurio para evitar las interferencias que puede producir en la prueba, la presencia potencial de cloro y/o cloruros en la muestra.

La Demanda Química de Oxígeno es el método tradicional que reemplaza a los microorganismos y el uso del oxígeno (como en el análisis de la DBO), con el uso de un reactivo oxidante fuerte, el dicromato de potasio en ácido sulfúrico y a alta temperatura.

La cantidad de dicromato o ácido que reacciona es directamente proporcional a la cantidad de oxígeno necesario para consumir la materia orgánica, así mediante la DQO puede estimarse el oxígeno que se consumiría junto con la materia orgánica, y ello en un tiempo de 90 minutos a 3 horas en lugar de 5 días, por lo que es un procedimiento más rápido para controlar un proceso de tratamiento de agua.

Sin embargo, siempre que sea posible se recomienda el análisis de la DBO, ya que la relación DQO/DBO$_5$ (siempre ≤1) no es universal ni directa; a menos que se tenga un largo historial, donde se haya determinado que la relación en una planta de tratamiento "X" es relativamente constante. Además existen sustancias como los nitritos, sulfitos y el ion ferroso que también reaccionan con el dicromato y serán registrados como consumo de oxígeno por materia orgánica.

El mismo ion cloruro, presente en gran parte de las aguas naturales, puede interferir y requiere agregar reactivos como sales de plata y mercurio para suprimirlo, lo que implica el manejo y disposición de residuos tóxicos. Aparte, sigue habiendo un grupo de sustancias orgánicas como la piridina y el benceno que no reaccionan con el dicromato de potasio aunque puedan consumirlas los microorganismos.

En general, y con bastante aproximación, la Demanda Química de Oxígeno (DQO) determina la cantidad de oxígeno requerido para oxidar la materia orgánica en una muestra de agua, bajo condiciones específicas de agente oxidante, temperatura y tiempo.

Por lo que es un parámetro importante y lo suficientemente rápido para determinar el grado de contaminación del agua; y puede ser empleado para estimar rápidamente la eficiencia parcial de una planta de tratamiento de aguas residuales. **Su reducción es posible mediante la cloración, la inyección de oxigeno por difusores de membrana, además del uso de ozono para la oxidación de los compuestos que lo originan.**

Las normas nacionales y muchas internacionales para DQO, en efluentes de aguas residuales domésticas son ≤160 mg/L para descargas en superficies y subsuelo y ≤ 400 mg/L en aguas costero-marinas. En aguas residuales industriales hasta 250 mg/L para descargas en superficie y subsuelo y ≤ 600 mg/L en descargas al alcantarillado. *Dependiendo de # de habitantes equivalentes.*

Dureza (mg/L)

Se denomina dureza del agua a la suma de las concentraciones de compuestos minerales, en particular sales de magnesio y calcio expresadas como $CaCO_3$ en mg/L. Son éstas las causantes de la dureza del agua, y el grado de dureza es directamente proporcional a la concentración de sales. El rango de dureza varía entre cerca de 0 mg/L y cientos de mg/L, dependiendo de la fuente de agua y el tratamiento a que haya sido sometida.

El agua dura (por contraposición al agua blanda) es aquella que posee una dureza superior a 120 mg $CaCO_3$/l. Es decir que contiene un alto nivel de minerales, en particular sales de magnesio y calcio.

Es un agua que no produce espuma, con el jabón. El agua dura forma un residuo grisáceo con el jabón, que a veces altera el color de la ropa sin poder lavarla correctamente, forma una dura costra en las ollas y en los grifos y, algunas veces, tienen un sabor desagradable. El agua dura contiene iones que forman precipitados con el jabón o por ebullición.

El agua dura puede volver a ser blanda, con el agregado de carbonato de sodio o potasio, para precipitarlo como sales de carbonatos, o por medio de intercambio iónico con salmuera en zeolita o resinas sintéticas.

Cuando la dureza es elevada, se producen incrustaciones, en calderas y sistemas enfriados por agua y en las tuberías; y una pérdida en la eficiencia de la transferencia de calor. Además se origina un sabor indeseable al agua potable.

Dureza como CaCO3	Interpretación
0-75	agua suave
75-150	agua poco dura
150-300	agua dura
> 300	agua muy dura

Tipos de dureza: La dureza del agua tiene una distinción compartida entre dureza temporal (o de carbonatos) y dureza permanente (o de no-carbonatos).

Dureza temporal: La dureza temporal se produce por carbonatos y puede ser eliminada al hervir el agua o por la adición de cal (hidróxido de calcio).

Dureza permanente: Esta dureza no puede ser eliminada al hervir el agua, es usualmente causada por la presencia del sulfato de calcio y magnesio y/o cloruros en el agua, que son más solubles mientras sube la temperatura.

Grandes cantidades de dureza son indeseables por las razones antes expuestas y debe ser removida antes de que el agua tenga uso apropiado, en particular para las industrias de bebidas, lavanderías, acabados metálicos, teñidos y textiles entre otras.

La mayoría de las normas para los suministros de agua potable tienen como promedio deseable 250 mg/L de dureza en agua de bebida; y regularmente niveles superiores a 500 mg/l son indeseables para usos domésticos. **Este parámetro puede ser controlado mediante "ablandadores" o filtración a través filtros de resinas iónicas, o sistema de osmosis.**

Fenoles (mg/L)

Se denominan fenoles o derivados fenólicos a todas aquellas sustancias derivadas del fenol (hidroxibenceno o bencenol). Existe una amplia variedad de compuestos. Los derivados fenólicos más importantes desde el punto de vista del control analítico de las aguas son: Fenol, Monoclorofenol - 2 y 4, Diclorofenol - 2,4 y 2,6, Triclorofenol - 2,4,6, Tretraclorofenoles, Pentaclorofenoles, Cresoles y Naftoles.

Puesto que existe una gran variedad de compuestos fenólicos, sus efectos en organismos vivos varían según la especie. De forma genérica, los fenoles son substancias muy tóxicas (HR=3) en estado puro. *(Fuente: SAX/LEWIS. Dangerous properties of industrial materials. Seventh edition. Van Nostrand Reinhold, 1989).*

* (HR= Hazard Rating.)

Por lo general, el fenol se utiliza como producto intermedio en diversos procesos de producción, siendo producido y consumido por la propia industria (p.e., industria farmacéutica, producción de resinas fenólicas y resinas epoxi, industria petroquímica).

Uno de los procesos de obtención más importantes de fenol en los EEUU es el que se realiza a partir del cumeno (Isopropilbenceno, derivado del petróleo). También se puede producir a partir del tolueno.

Entre sus usos están: preparación de antisépticos y desinfectantes, productos farmacéuticos, indicadores químicos (fenolftaleína), producción de resinas fenólicas, resinas epoxi y nylon, industria petroquímica (disolvente empleado para el refinado de aceites lubricantes), preparación de especies químicas (ácido salicílico, ácido adípico, pentaclorofenol), preparación de pinturas germicidas, reactivos de laboratorio y otros compuestos.

Se pueden encontrar en aguas residuales de industrias de cok, aceites usados de motores, restos de disolventes para refinado de aceites, residuos de productos para quitar pinturas, algunas aguas brutas (pre-potables).

Para eliminar el fenol de las aguas puede usarse el Ozono, para el pH normal en las instalaciones de tratamiento de aguas residuales (6 a 9), las dosis de ozono varían según se trate de fenol puro, muy poco frecuente, o de compuestos fenólicos.

La dosis correcta sólo puede fijarse mediante ensayos, pero generalmente es del orden de cuatro veces el valor del contenido en compuestos fenólicos presentes, expresados como fenol puro.

Las normativas nacionales para aguas residuales industriales, indican que los rangos apropiados para sus efluentes deben ser valores entre 0.0 y 0.5 mg/L. En aguas residuales domésticas no se indican rangos permisibles o no, pero por el principio precautorio de la ecología, no deben admitirse valores que superen 0.5 mg/L de C_6H_5OH.

Fosfato (P-PO4) (mg/L) y Fósforo Total (Pt) (mg/L)

Los compuestos de fósforo y fosfatos normalmente se encuentran en las aguas naturales, en pequeñas concentraciones. Los compuestos de fósforo que se encuentran en las aguas residuales o se vierten directamente a las aguas superficiales provienen básicamente de fertilizantes eliminados del suelo por el agua o el viento; excreciones humanas y animales, detergentes o productos de limpieza.

La carga de fosfato total se compone de ortofosfato + polifosfato + compuestos de fósforo orgánico, siendo normalmente la proporción de ortofosfato la más elevada, por eso la mayoría de las normas para aguas residuales incluyen éste como uno de los parámetros de criterio.

Los compuestos del fósforo (particularmente el orto-fosfato) se consideran importantes nutrientes de las plantas, y conducen al crecimiento de algas en las aguas superficiales, pudiendo llegar a promover la eutrofización de las aguas.

La concentración de fosfatos en un agua natural es fundamental para evaluar el riesgo de eutrofización. Este elemento suele ser el factor limitante en los ecosistemas para el crecimiento de los vegetales, y un gran aumento de su concentración puede provocar la eutrofización de las aguas. Así, Los fosfatos están directamente relacionados con la eutrofización de ríos, pero especialmente de lagos y embalses.

En las aguas potabilizables, un contenido elevado de PO_4 modifica las características organolépticas y dificulta la floculación-coagulación en plantas de tratamiento. **Para su control recomendamos tratamientos mecánicos (anoxio-aeróbico-anoxio-...), floculación o adición de sales de aluminio, cal a pH entre 10.5 y 11.5 (aunque difícil rango), etc.**

Tan sólo 1 gramo de fosfato-fósforo ($P-PO_4$) provoca el crecimiento de hasta 100 gramos de algas. Si el crecimiento de algas es excesivo, cuando estas algas mueren, los procesos de descomposición pueden dar como resultado una alta demanda de oxígeno.

Muchas normas especifican unos valores límite para el vertido de plantas de tratamiento de aguas residuales de compuestos de fosfato a las aguas receptoras: 2-3 mg/l fósforo total (para 10.000 – 100.000 h-e) o 1-2 mg/l fósforo total (> 100.000 h-e). Las concentraciones críticas para una eutrofización incipiente se encuentran entre 0,1-0,2 mg/l $P-PO_4$ en el agua corriente y entre 0,005-0,01 mg/l $P-PO_4$ en aguas tranquilas.

La cantidad de fosfatos se suele indicar como mg/l PO_4-P (mg de P de la molécula de PO_4 por l de agua) o bien en mg/l PO_4 (mg PO_4 por l de agua). La relación entre ambos es: 1 mg/l PO_4-P = 3,06 mg/l PO_4. Las normas nacionales exigen los siguientes rangos:

- Hasta 3 mg P-PO_4/L para efluentes residuales domésticas en superficies o subsuelo.

- Hasta 8 mg P-PO_4/L para aguas residuales domésticas en aguas costero-marinas.

- Hasta 10 mg Pt/L para aguas residuales industriales vertidas al alcantarillado.

- Hasta 2 mg Pt/L para aguas residuales industriales en aguas superficiales y el subsuelo.

Flúor (mg/L)

El flúor (F) es un elemento tóxico y reactivo; por su uso en diferentes productos de consumo corrientes, vivimos expuestos al mismo de manera prácticamente inadvertida, por ejemplo en la ingestión de té, pescado de mar, carnes, frutas, etc., y su utilización como aditivo en productos, tales como: pastas de dientes, enjuagues bucales, antiadherentes sobre sartenes y hojas de afeitar como el teflón. Asimismo, ha sido utilizado con la intención de reducir la caries dental, adicionado a las aguas, en plantas de tratamiento de aguas potabilizables, lo que se ha demostrado es inútil; más bien perjudicial para el esmalte dental.

El F puede acumularse en el organismo y se ha demostrado que la exposición crónica al mismo produce efectos nocivos sobre distintos tejidos del organismo y muy especialmente sobre el sistema nervioso, de manera subrepticia, ya que actúa sin producir malformaciones físicas previas.

En varias investigaciones, tanto clínicas como experimentales, se ha reportado que el Flúor provoca alteraciones sobre la morfología y bioquímica cerebral, que afectan el desarrollo neurológico de los seres humanos y, por ende, de funciones relacionadas con procesos cognoscitivos, tales como el aprendizaje y la memoria.

Para la eliminación del flúor en agua para beber a nivel residencial, podemos usar sistemas sencillos de osmosis inversa o de destilación. Además de otros sistemas tales como filtrar el agua a través de una columna condensada con un absorbente, como la alúmina activada (Al_2O_3), el carbón activado, o resinas de intercambio iónico. Este método, también, es conveniente para las comunidades pequeñas y uso en el hogar. Cuando el absorbente se satura con los iones de fluoruro, el material del filtro se que ser lavado con un ácido débil y eliminado con solución alcalina.

En poblaciones más grandes se puede eliminar o disminuir agregando alumbre al agua a tratar, produciendo la precipitación del flúor. El proceso se lleva a cabo más eficazmente bajo condiciones alcalinas, agregando cal. Después de revolver la cuba, los elementos químicos se coagulan y precipitan en el fondo del recipiente, ya que los flóculos se convierten en más pesado que el agua. El agua tratada se retira en superficie sin remover el fondo. Luego debe procederse con cuidado con los lodos ricos en F.

Los efluentes del lavado y residuos de los referidos sistemas serán entonces ricos en fluoruro y debe eliminarse cuidadosamente para evitar la contaminación de suelos y agua subterránea. Es mejor usar esos sistemas a nivel doméstico o en comunidades pequeñas.

La toxicidad del F se puede presentar a partir de ingerir 1 ppm/L y los efectos no son inmediatos, pueden tardar 5-20 años o más en manifestarse. Las normas nacionales son 0-0.8 mg F/L para agua potable y 0-20 mg F/L para agua residual industrial.

En conclusión, "la ingesta prolongada de F provoca daños a la salud y de manera importante sobre el sistema nervioso central, por lo que es importante considerar y evitar el uso de artículos que contengan flúor y de manera particular en individuos en desarrollo, debido a la susceptibilidad que presentan a sus efectos tóxicos." *(Effects of the fluoride on the central nervous system. L. Valdez-Jiméneza, C. Soria Fregozoa, et al. 2010).*

Grasas y Aceites (mg/L)

Se define como "aceite y grasa" a cualquier material recuperado como una sustancia soluble en un solvente orgánico. Por lo tanto, además de grasas ligeras o pesadas derivadas del petróleo y aceites minerales o vegetales; se incluyen en este concepto los compuestos con propiedades físicas similares al aceite y la grasa, como por ejemplo, compuestos de azufre, colorantes orgánicos, clorofila, etc.

Las grasas son un componente que está presente, en mayor o en menor medida, en todas las aguas residuales urbanas. Sus concentraciones medias se sitúan entre los 40 y los 80 mg/l, pudiendo superar en ocasiones los 100 mg/l. Esto supone que en una depuradora con un caudal de 12.000m³/día, estén entrando entre 25 y 50 kg de aceites y grasas por hora, sin tener en cuenta los vertidos puntuales que puedan provenir de actividades industriales.

Conocemos los problemas que estos derivados o compuestos producen incluso antes de llegar a las plantas o estaciones de tratamiento de aguas residuales, al producir entaponamientos potenciales en las canalizaciones y tuberías que llevan las aguas residuales hasta los sistemas de tratamiento. Pero estas afecciones no se limitan sólo a puntos aguas arriba de los sistemas de purificación, sino que una vez en las depuradoras, continúan produciéndose otras de diferente naturaleza.

Además de consolidarse como un sólido hidrófobo que tiene tendencia a incrustarse y producir atascos, los aceites y grasas tienen otras propiedades que repercuten directamente en el proceso depurativo. Una de sus principales problemas o características negativas, es que las grasas son el componente de las aguas residuales que tiene una mayor tendencia a oxidarse. Esto provoca que, al llegar a los reactores biológicos, fijen rápidamente el oxígeno disuelto disponible, pudiendo ocasionar situaciones de anoxia que podrían propiciar la proliferación de microorganismos filamentosos.

Además, las grasas y aceites tienen tendencia a flotar, debido a que su densidad es inferior a la del agua, lo que genera capas en la superficie de los reactores biológicos, dificultando la transferencia de oxígeno.

Siendo ésta una de sus cualidades negativas, se puede utilizar para su fácil eliminación, construyendo "trampas de grasas", de las cuales pueden ser retirados y neutralizados cada cierto tiempo, que atrapen esos compuestos flotantes antes de llegar a los reactores biológicos aeróbicos o anaeróbicos.

En este sentido, las trampas deber ser diseñadas para evitar que las grasas y aceites fluyan más allá de un punto, mediante la técnica de filtración tangencial, utilizando para ello piezas "T" o codos a la entrada y salida de la trampa, de modo que las grasas y aceites que flotan queden atrapados en la parte superior; y llenadas con agua corriente antes de ponerlas en funcionamiento para que hagan su trabajo adecuadamente.

(Ver esquema como ejemplo).

Fuente: Manual of septic-tan (OPS)

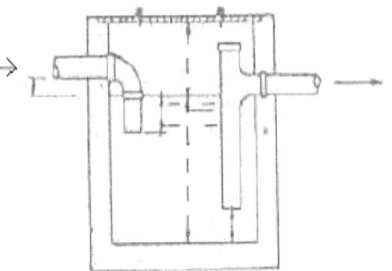

Las normativas nacionales indican que el valor máximo aceptable para grasas y aceites en efluentes de aguas residuales es de 10 mg/L.

Hierro (mg/L)

El hierro es el segundo metal más abundante y el cuarto de todos los elementos, superado únicamente por el oxígeno, el silicio y el aluminio.

Los minerales de hierro más comunes son: la hematita o mineral de hierro rojo (Fe2O3), que contiene un 70 % de hierro; la limonita o mineral de hierro marrón (FeO(OH)·nH2O), con un 42 % de hierro; la magnetita o mineral de hierro magnético (Fe3O4), con un alto contenido de hierro; la siderita o mineral de hierro espático (FeCO3); la pirita (FeS2), el mineral azufrado más común; y la pirrotita o pirita magnética (FeS).

El hierro se utiliza para la fabricación de piezas de hierro y acero fundidos y en aleaciones con otros metales.

También se emplea para aumentar la densidad de los líquidos en las perforaciones petrolíferas.

El hierro por sí mismo no es especialmente fuerte, pero su resistencia aumenta de forma notable cuando se alea con carbono y se enfría rápidamente para formar acero, lo que explica su importancia como metal industrial. Algunas características del acero, (es decir, si es blando, suave, medio o duro) vienen determinadas por su contenido en carbono, que puede variar entre un 0,10 y un 1,15 %.

Unos 20 elementos más, con cualidades muy distintas de dureza, ductilidad, resistencia a la corrosión, etc., se utilizan en diversas combinaciones y proporciones en la producción de aleaciones de acero. Los más importantes son el manganeso (ferromanganeso y spiegeleisen), el silicio (ferrosilicio) y el cromo.

En referencia a la salud de las personas, el hierro es uno de los elementos indispensables para la vida; ya que es un componente de la hemoglobina, la mioglobina y muchas enzimas del organismo.

El hierro "hemo", presente en muchos productos de origen animal, se absorbe mucho mejor que el hierro "no hemo" (p. ej., en plantas y granos), que representa aproximadamente > 85% del hierro en una dieta promedio. Sin embargo, la absorción del hierro "no hemo" aumenta cuando se consume con proteínas de origen animal y con vitamina C. Pero como en casi todo lo que está disponible en la naturaleza para su ingestión, tanto la deficiencia como el exceso es dañino para nuestra salud. No está de más indicar que la exposición prolongada en el aire a una mezcla de polvo de hierro puede afectar a la función pulmonar (inclusive co-cancerígenas algunas).

En el agua, el hierro puede darle al agua un sabor, olor y color indeseables. Puede causar manchas rojizos-cafés en la ropa, porcelana, platos, utensilios, vasos, lavaplatos, accesorios de plomería y el concreto; y los detergentes no remueven estas manchas. Incluso el cloro casero y los productos alcalinos (tales como el sodio y el bicarbonato), en vez de eliminarlas, pueden intensificar esas manchas.

Para su control se usan filtros de membrana, de carbón activado, sistemas de osmosis, filtros magnetizados, sistemas de oxidación-aireación, oxidación química con cloro, entre otros.

Además los depósitos de hierro se acumulan en los tubos de cañerías, tanques de presión, calentadores de agua y equipo ablandador de agua. Estos residuos restringen el flujo del agua y reducen la presión. Esto aumenta los costos de la energía y el agua contaminada con hierro usualmente contiene bacterias de hierro, éstas se alimentan de los minerales del agua y forman una baba rojiza-café en los tanques de los inodoros y pueden tapar los sistemas de agua.

Las normativas nacionales indican que el valor aceptable en agua potable debe estar en el rango comprendido entre 0 y 0.3 mg Fe/L.

Manganeso (mg/L)

El manganeso (Mn) es uno de los elementos más abundantes de la corteza terrestre. Se encuentra en la tierra, los sedimentos, las rocas, el agua y los productos biológicos.

Al menos un centenar de minerales contienen manganeso. Entre los minerales que contienen manganeso, los óxidos, carbonatos y silicatos son las formas más importantes.

El manganeso se utiliza en la producción del acero como reactivo para reducir el oxígeno y el azufre, y como agente de aleación para la fabricación de aceros especiales, aluminio y cobre.

En la industria química se utiliza como agente oxidante y para la producción de permanganato de potasio y otros productos químicos derivados del manganeso.

Además, se utiliza como recubrimiento de electrodos en varillas de soldadura, en los trituradores de rocas y en las agujas y cambios de vía de los ferrocarriles. También se emplea en la fabricación de cerámica, cerillas, vidrio y tintes. Algunas sales de manganeso se utilizan como fertilizantes.

El manganeso se absorbe principalmente por inhalación. El dióxido de manganeso y otros compuestos de manganeso utilizados o producidos como subproductos volátiles del proceso de refinado del metal, también puede llegar al aparato digestivo a través de los alimentos o del agua contaminada con Mn.

Se calcula que la carga total de manganeso en el organismo oscila entre 10 y 20 mg para un varón de 70 kg. La toxicidad de los distintos compuestos de manganeso parece depender del tipo de ion manganeso y de su estado de oxidación. Cuanto menos oxidado esté el compuesto, mayor será su toxicidad.

La prevención de la intoxicación por manganeso consiste básicamente en suprimir los polvos y humos de este metal, evitar que lleguen al agua o a los alimentos; y especialmente no consumir en exceso los alimentos que lo contienen.

Otra fuente potencial de exposición que debe considerarse es la contaminación de los alimentos y el agua potable, así como los hábitos de alimentación de los trabajadores. Se calcula que la concentración media de manganeso, usada como indicador en la orina de las personas no expuestas es de 1 a 8 mg/l, aunque se han descrito valores de hasta 21 mg/l.

La ingesta diaria de manganeso a partir de la dieta varía considerablemente dependiendo de la cantidad de **cereales integrales, nueces, verduras de hoja y té** que se consuman, por su contenido relativamente alto de manganeso, e influye en el contenido normal de manganeso de los medios biológicos. *Por eso siempre propugnamos por evitar cualquier exceso, hasta de "lo que es bueno".*

Dado que la medición de Mn en la orina no está suficientemente validada, se ha propuesto que una concentración de manganeso igual o superior 60 mg/kg de heces es un indicio de exposición profesional al manganeso y que el contenido de manganeso en el cabello debe ser inferior a 4 mg/kg.

La mayoría de las normas (nacionales e internacionales) indican que el contenido máximo en el agua utilizada para bebida será de 0.1 mg Mn/L.

Metales Pesados (mg/L)

Los metales pesados son un grupo de elementos químicos que presentan alta densidad y que en altas concentraciones son tóxicos y bio-acumulativos, ya que se van concentrando en el organismo y no se eliminan ni por heces, ni por sudoración, ni por orina.

Los más susceptibles de estar presentes en el agua de consumo humano son el mercurio, níquel, cobre, plomo y cromo, aunque también pueden aparecer otros como el hierro, arsénico, cadmio, etc.

La contaminación del agua por presencia de metales pesados puede ser debida a causas de origen natural, cuando el agua atraviesa sustratos que contienen metales en su composición. O antropogénico, cuando se debe a la acción humana, principalmente a la actividad minera, industrial o agrícola, tuberías de esos metales, aguas residuales y/o lixiviados que llegan, por arrastre, hasta manantiales o ríos de donde proviene el agua de servicio.

La medición de los metales pesados en aguas y en alimentos se puede llevar a cabo por diferentes técnicas. Una de ellas es la Espectrofotometría de Masas con Plasma de Acoplamiento Inductivo, esta técnica es muy precisa y fiable, con bajos límites de cuantificación, pero cara. Pero existen métodos alternativos: ti-trimétricos, colorimétricos, etc., que aunque no son tan precisos nos dan una buena aproximación de su presencia.

Hay ciertos indicios que pueden hacernos pensar que nuestras aguas contienen altas concentraciones de metales pesados. Por ejemplo es muy habitual observar marcas azuladas o parduzcas en las piletas de baños o superficies donde cae habitualmente el agua que llega a nuestros hogares, fabricas, oficinas, escuelas, etc. Pero es más recomendable el análisis químico del líquido, aunque sea con técnicas alternativas.

Además, se pueden tomar medidas para controlar o reducir la exposición a los metales pesados contenidos en el agua, se pueden emplear algunas técnicas:

Dejar correr el agua del grifo filtrada, y decantarla mínimo 30 minutos antes de beberla.

No beber agua caliente procedente del grifo, ya que tienen mayor disolución.

Aislar bien las conducciones y manantiales en las "tomas de agua", y evitar que, lleguen aguas contaminadas de vertederos, lixiviados, plaguicidas, herbicidas, etc.

Si nuestras tuberías son de algún metal pesado se recomienda su sustitución..

Los manantiales, pozos y tomas deben estar lejos de sépticos y otras aguas residuales.

Hoy en día existen tratamientos que pueden reducir las altas concentraciones de ciertos metales pesados en las aguas de consumo humano; tales como la oxidación de los mismos en las estaciones de tratamiento con hipoclorito de sodio, entre otras.

El contenido máximo promedio de metales pesados, aceptable para cualquier conjunto de mediciones realizadas durante un día, en estaciones de tratamiento de aguas residuales industriales, es de 10 mg/L. ▶ [(MT1+MT2+MT3+. . .+MTn) / n ≤ 10 mg/L en un día].

Nitrato (NO3) (mg/L) y Nitrógeno Total (NH4+NO3) (mg/L)

Otro parámetro examinado en los cálculos de la eficiencia del tratamiento de agua es la concentración de nitratos. Ésta es una forma natural de presentación del Nitrógeno, elemento esencial para la vida de todas las especies. En moderadas concentraciones, los nitratos son componente inocuos de los alimentos y del agua.

Si bien los nitratos pueden estar presentes de forma natural en aguas subterráneas, en la mayoría de los casos altas concentraciones de esta sustancia es el resultado de actividades humanas, incluyendo fertilizantes, basura, aguas servidas, etc.

La relevancia de investigar la presencia de nitratos es porque altas concentraciones de ellos interrumpe los procesos normales de la sangre. Cuando se ingiere nitratos con el agua, ellos se transforman en nitritos en el intestino lo cual se absorbe hacia la sangre. Los nitritos oxidan al hierro de la hemoglobina para formar meta-hemoglobina, la cual no tiene la capacidad de transportar el oxígeno con la hemoglobina.

Esto conduce a una condición conocida como Meta-hemoglobinemia (síndrome del niño azul, que en muchas comunidades rurales todavía se atribuye a "brujería").

Entre sus características podemos señalar las siguientes:

(1) Son sales muy solubles y por lo tanto es muy difícilmente precipitables.

(2) Aparecen en agua normalmente en concentraciones entre 0.1 y 10 ppm pero en aguas polucionadas puede llegar a 200 ppm y en algún caso hasta 1000 ppm.

(3) El agua del mar tiene alrededor de 1 ppm o menos.

(4) Concentraciones elevadas en agua de bebida puede producir cianosis en los niños y comunican corrosividad (oxidaciones) al agua y producen interferencias en fermentaciones.

(5) Se determina colorimétricamente a través del ácido fenildisulfónico.

(6) No se precisan precauciones especiales para la toma de muestras, excepto quizás en aguas que contienen Nitrógeno Amoniacal (NH_4^+); para evitar su oxidación y que aparezca como NO_3^-.

Para evitar la duda en algunos casos se determina el Nitrógeno Total, que es la suma del nitrógeno orgánico, amonio, nitrito y nitrato. Pero en este caso definido como la suma de Nitrógeno Amonio (NH4) y Nitratos NO3, por ser los más importantes para nuestros fines.

Si el problema se limita a los nitratos totales, la solución más económica y simple puede ser el intercambio iónico. En cambio, si también la salinidad total es elevada, tal vez convenga un proceso de ósmosis inversa, que reduce el contenido de todas las sales.

Los niveles aceptables de NO3, NH4 o Nitrógeno Total en las normativas nacionales son;

Aguas residuales domésticas vertidas en superficie o subsuelo: NH4≤ 10 y NO3≤ 18 mg/L

Aguas residuales domésticas vertidas en el mar: NH4≤ 30 y NO3≤ 50 mg/L

Aguas residuales industriales en superficie y subsuelo: NH4≤ 10 y NO3 no normado.

Aguas residuales industriales vertidas al alcantarillado: NH4≤ 30 y NO3≤ 40 mg/L.

Y en aguas potables: NO3≤ 45 mg/L (NH4 y NO2, no normados pero con precaución).

Oxigeno Disuelto (O2) (mg/L)

La baja concentración de oxígeno disuelto en el agua, a menudo es una indicación de alta contaminación del líquido, ya que sirve para denotar la presencia de organismos que "respiran" y se multiplican a una tasa superior a la de difusión del oxígeno desde la atmósfera al agua, por encontrar mucha materia orgánica disponible.

También puede indicar una severa contaminación térmica de la fuente de la muestra por incremento de la energía cinética de las moléculas del gas que escapan de la masa de agua..

Uno de los constituyentes no-conservativos más estudiados en ecosistemas acuáticos (Packard, et al., 1969). Este es un requisito nutricional esencial para la mayoría de los organismos vivos, dada su dependencia del proceso de respiración aeróbica para la generación de energía y para la movilización del carbono en la célula. Además, el oxígeno disuelto es importante en los procesos de: fotosíntesis, oxidación-reducción, solubilidad de minerales y la descomposición de materia orgánica.

"Los niveles de oxígeno disuelto indispensable para sostener la vida de organismos acuáticos varían de una especie a otra. Algunos peces requieren concentraciones mínimas de 4.0 mg/L para permanecer saludables, mientras que muchas especies de crustáceos pueden vivir y reproducirse en ambientes acuáticos donde la concentración de O_2 oscila entre 2.0 y 0.1 mg/L.

Existe una gran variedad de microorganismos (bacterias, hongos y protozoarios) para los cuales el oxígeno no es indispensable (anaerobios facultativos), otros no lo utilizan, siendo indiferentes a su presencia (aerotolerantes) e incluso, para algunos el oxígeno resulta ser tóxico o inhibitorio para el crecimiento (anaerobios estrictos)" *Fuente: Curso Modelización y Simulación de Estaciones Depuradoras, Universidad de Salamanca-CIDTA. Feb. 2015.*

La distribución del oxígeno en cuerpos de agua naturales está determinada por el intercambio gaseoso a través de la superficie del agua, la producción fotosintética, el consumo respiratorio y por procesos físicos de advección (movimiento horizontal del aire causado principalmente por variaciones de la presión atmosférica cerca de la superficie) y difusión.

Una cantidad adecuada de oxígeno disuelto es fundamental para la conservación de la vida acuática (aunque la presencia de ese gas no sea apreciada en aguas que se utilizan para el funcionamiento de calderas, porque tienden a producir corrosión en esos sistemas de conversión de energía).

Para nuestros fines es recomendable la presencia de oxígeno disuelto en el orden de, por lo menos 5 @ 8 mg/L, dependiendo de la altitud donde se ejecute el análisis del gas respirable y de la temperatura del agua que lo contiene. **Se puede conseguir mediante la aireación a nivel residencial, o en las estaciones de tratamiento de aguas y aguas residuales.**

Los resultados de las mediciones de Oxigeno Disuelto se expresan en mg/L, y deben ser convertidos en Porcentajes de Saturación de Oxigeno (que dependerá de la temperatura de la muestra y de la presión atmosférica en el lugar) para su comparación con los niveles aceptables indicados por las normas. En aguas potabilizables los valores de 80% a 120% se consideran excelentes y los valores menores al 60% o superiores a 125% se consideran malos.

Potencial de Iones de Hidrógeno (pH) (Adimensional)

Concentración de Iones de Hidrógeno (pH) : El agua siempre se ioniza por la presencia de sustancias ácidas y básicas disueltas en ella, formando iones de hidrógeno (H+) e iones negativos llamados hidroxilos (OH-).

Cuando hay la misma cantidad de iones de ambos signos, la concentración de los iones de hidrógeno "H+" es 0.0000001 veces el peso de los iones gramo del hidrógeno, expresados en gramos por litro.

Para evitar tener que manejar decimales, se dice que el pH en este caso es 7 (es decir, igual al número de ceros que preceden a la unidad). El valor del pH puede variar conforme con esta explicación entre 1.0 cuando el líquido está saturado de ácido y 0.00000000000001 cuando lo está de sustancias alcalinas o básicas. Por lo tanto el pH se expresa por un número comprendido entre 0 (ácido puro) y 14 (alcalinidad pura). Lo ideal es pH=7 (neutralidad).

El valor del pH se puede medir de forma precisa mediante un potenciómetro, también conocido como pHímetro (/pe achímetro/ o /pe ache metro/), un instrumento que mide la diferencia de potencial entre dos electrodos: un electrodo de referencia (generalmente de plata/cloruro de plata) y un electrodo de vidrio que es sensible al ion de hidrógeno.

También se puede medir de forma aproximada el pH de una disolución empleando indicadores, ácidos o bases débiles que presentan diferente color según el pH. Generalmente se emplea papel indicador, que se trata de papel impregnado de una mezcla de indicadores cualitativos para la determinación del pH. El papel de litmus o papel tornasol es el indicador mejor conocido. Otros indicadores usuales son la fenolftaleína y el naranja de metilo.

Para eliminar los niveles de pH ácidos en grandes cantidades de agua se puede agregar una solución de neutralización de carbonato de sodio en agua al sistema de tratamiento. El carbonato de sodio puede aumentar el pH hasta ocho, de requerirse.

Un sustituto para el carbonato de sodio puede ser carbonato de potasio en la solución neutralizante. Las cantidades de carbonato de sodio o carbonato de potasio en la solución de alimentación de neutralización se deben mantener bajo el nivel prescrito para evitar efectos no deseados en la salud. **Cualquier proceso de alteración en el nivel de pH se debe hacer bajo la supervisión y guía de un experto.**

Por el contrario, para bajar el pH se utilizan productos **ácidos, pero su aplicación debe hacerse con equipos sofisticados de dosificación o manualmente con mucho cuidado y supervisión técnica**: diluyendo el ácido lentamente en un poco de agua antes de añadirlo (no se debe añadir agua directamente a ningún ácido fuerte para evitar una violenta reacción, pero **tampoco se recomienda** verterlo directamente sobre el depósito).

Las normas dominicanas para aguas y aguas residuales son las siguientes:

Para aguas residuales domésticas vertidas en cualquier medio: 6.0 a 8.5 unidades de pH.
Para aguas residuales industriales vertidas en cualquier medio: 6.0 a 9.0 unidades de pH.
Para aguas potables: se recomienda 7.0 a 8.5; o máximos permisibles 6.5 a 9.2 unidades.

Plomo (mg/L)

Los minerales de plomo se encuentran en muchos lugares del mundo. El mineral más rico y utilizado es la galena (sulfuro de plomo) y constituye la fuente principal de producción comercial de este metal. Otros minerales de plomo son: la cerusita (carbonato), la anglesita (sulfato), la corcoita (cromato), la wulfenita (molibdato), la piromorfita (fosfato), la mutlockita (cloruro) y la vanadinita (vanadato). En muchos casos, los minerales de plomo pueden contener otros metales tóxicos. **Para control o eliminación domiciliaria usar ósmosis inversa, destilación o filtros de carbón, a gran escala usar sulfato de aluminio, bioadsorcion en corchos, etc.**

Aproximadamente un 40 % del plomo se utiliza en forma metálica, un 25 % en aleaciones y un 35 % en compuestos químicos. Los óxidos de plomo se utilizan en las placas de las baterías eléctricas y los acumuladores (PbO y Pb3O4), como agentes de mezcla en la fabricación de caucho (PbO) y en pinturas (Pb3O4) y como componentes de gasolinas, barnices, esmaltes y vidrio (algo descontinuado en muchos países).

El principal riesgo del plomo es su toxicidad acumulativa. La intoxicación por plomo ha sido siempre una de las enfermedades profesionales más importantes.

Gracias a la prevención médica y técnica ahora es evidente que pueden producirse efectos adversos con niveles de exposición antes considerados como aceptables.

En lugares contaminados, se puede producir una absorción considerable de este elemento a través del agua y alimentos, vía el aparato digestivo; en consecuencia, el grado de riesgo de este metal depende, en parte, de la solubilidad de los minerales que se manipulen.

El sulfuro de plomo (PbS) en la galena es insoluble y su absorción por vía pulmonar es limitada; sin embargo, en el estómago, parte del sulfuro de plomo puede convertirse en cloruro de plomo ligeramente soluble y llegar a absorberse en cantidades moderadas. Pero al ser acumulado en el organismo, llegar a convertirse en un problema crítico de salud.

La cantidad de plomo absorbida en el tracto gastrointestinal de los adultos suele estar comprendida entre el 10 y el 15 % de la cantidad ingerida; en los niños y las mujeres embarazadas, la cantidad absorbida puede aumentar hasta en un 50 %.

También se incrementa significativamente en condiciones de ayuno y en casos de déficit de hierro o calcio. Una vez en la sangre, el plomo se distribuye en tres compartimentos: la sangre, los tejidos blandos (riñón, médula ósea, hígado y cerebro) y el tejido mineralizado (huesos y dientes). El tejido mineralizado contiene aproximadamente 95 de la carga corporal total de Pb en adultos.

Si el nivel de plomo en sangre de un trabajador alcanza los 60 µg/dl (o presenta un nivel medio igual o superior a 50 µg/dl). Conforme con las normas internacionales referente al trabajo, la empresa está obligada a retirar al trabajador del lugar de exposición excesiva, manteniendo su antigüedad y su salario, hasta que los niveles de plomo en sangre del empleado disminuyan a menos de 40 µg/dl.

En las aguas residuales en RD, igual que algunos países, sólo se norma algunos tipos de aguas residuales industriales; los niveles aceptables de plomo están entre 0.0 y 0.1 mg/L

En aguas potables en RD, el nivel máximo permisible de Pb es de 0.1 mg/L, pero la directriz de la Organización Mundial de la Salud es que se reduzca ese nivel a 0.01 mg/L.

Sólidos en el agua

En el agua podemos encontrar básicamente tres tipos de sólidos: Sedimentables, disueltos o suspendidos; a pesar de que en menor escala también podemos tener otras clasificaciones, tales como sólidos volátiles, orgánicos, coloidales, etc. En las aguas potabilizables y en las aguas residuales, los más importantes, por lo cual se norman, son Sólidos Disueltos Totales (TDS) (mg/L) y Sólidos Suspendidos (mg/L); respectivamente. **Se controlan o eliminan mediante filtración, coagulación-floculación, sedimentación-flotación o resinas iónicas.**

El Total de Sólidos Disueltos (TDS) se determina por evaporación-gravimetría, luego del filtrado de la muestra a través de papel filtro ap40 millipore (poros de 0.7 µm) o equivalente como gf 1822047 Whatman 1825-047. Como el Total de Sólidos Disueltos y la Conductividad Eléctrica del agua son directamente proporcionales, pero hay que tener en cuenta que no consideran aquellos sólidos que no se ionizan al disolverse en el agua; no obstante se puede obtener el TDS aproximado usando un equipo electrométrico basados en esta relación: (TDS=k*Conductividad, donde k es el factor de conversión).

Un uso importante de esta función es la estimación del total de sólidos disueltos en el agua.

Sabiendo que la conductancia específica del agua pura es $(5\ E^{-8})$/ohm.cm; y que los vestigios de una impureza iónica aumentarán la conductancia en un orden de magnitud o más, se determinan curvas de calibración y aparatos de medición TDS que nos indican en una pantalla de cristal líquido la conductividad que deberemos multiplicar por el factor que corresponda, para obtener el total de sólidos disueltos; o visualizar directamente el valor que indica la totalidad de sólidos disueltos en la muestra.

Por otro lado **los Sólidos Suspendidos Totales (SST)** son la materia constituida por sólidos sedimentables, sólidos suspendidos y coloidales que son retenidos por un filtro de fibra de vidrio con poro de 1,5 µm, como el 934-AH RTU whatman, secado y llevado a masa constante a una temperatura de 105 °C ± 2 °C. También se pueden determinar los SST mediante espectrometría a una λ 810 nm.

> Por lo tanto, **los sólidos totales** se pueden definir como SST+TDS.

Los sólidos suspendidos son transportados gracias a la acción de arrastre y soporte del movimiento del agua; los más pequeños (menos de 0.01 mm) no sedimentan rápidamente y se consideran sólidos no sedimentables, y los más grandes (mayores de 0.01 mm) son generalmente sedimentables.

Los sólidos coloidales consisten en limo fino, bacterias, partículas de color, virus, etc., que no sedimentan rápidamente, y su efecto global se traduce en el color y la turbidez de aguas sedimentadas sin coagulación.

El método gravimétrico está validado para el intervalo de 4,5 a 20000 mg/L. Se basa en la retención de las partículas sólidas de una muestra homogénea en el referido filtro; el residuo retenido se seca a 103-105°Cl y el incremento de peso del filtro son por los SST.

En el agua potable la norma para los TDS es un máximo recomendado de 500 y máximo permisible de 1500 mg/L.

En efluentes de aguas residuales las normativas para SST son:

35 a 50 mg SST/L para efluentes residuales domésticas en superficies o subsuelo*.

77 a 90 mg SST/L para aguas residuales domésticas en aguas costero-marinas*.

Hasta 400 mg SST/L para aguas residuales industriales vertidas al alcantarillado.

≤ 50 mg SST/L para aguas residuales industriales en aguas superficiales y el subsuelo**.

*Depende de el # de habitantes equivalentes / ** Valor promedio de análisis diario de SST*

Sulfato (mg/L), Sulfuro (mg/L)

El sulfato (SO4) se encuentra en casi todas las aguas naturales. La mayor parte de los compuestos sulfatados se originan a partir de la oxidación de las menas de sulfato, la presencia de esquistos, y la existencia de residuos industriales. El sulfato es uno de los principales constituyentes disueltos de la lluvia.

Se encuentran de manera natural en numerosos minerales (barita epsomita, tiza, etc.). Se utilizan en la industria química (fertilizantes, pesticidas, colorantes, jabón, papel, vidrio, fármacos, etc.); como agentes de sedimentación (sulfato de aluminio) o para controlar las algas (sulfato de cobre) en las redes de agua y, por último, como aditivos en los alimentos.

Una alta concentración de sulfato en agua potable tiene un efecto laxante cuando se combina con calcio y magnesio, los dos componentes más comunes de la dureza del agua. Las personas que no están acostumbradas a beber agua con niveles elevados de sulfato pueden experimentar diarrea y deshidratación.

Hay tres tipos de sistemas de tratamiento para limitar o eliminar el sulfato del agua potable: ósmosis inversa, destilación, o intercambio iónico. Los ablandadores del agua, los filtros de carbón, y los filtros de sedimentación no eliminan el sulfato.

El nivel máximo de sulfato sugerido por la organización Mundial de la Salud (OMS) en las Directrices para la Calidad del Agua Potable, establecidas en Génova, 1993, es de 500 mg/l. Las directrices de la Unión Europea son más recientes, 1998, completas y estrictas que las de la OMS, sugiriendo un máximo de 250 mg/l de sulfato en el agua destinada al consumo.

En nuestro país las normas de calidad del agua potable, establecen un límite recomendado de hasta 200 mg SO4/L y un máximo permisible de 400 mg SO4/L

Por otro lado, las bacterias que atacan y reducen los sulfatos, hacen que se forme sulfuro de hidrógeno gas (H2S), produciendo un olor indeseable que daña la calidad del agua, que se asemeja a huevos podridos.

El sulfuro de hidrógeno ha sido reconocido como un gran problema para los sistemas de aguas residuales municipales. Este gas incoloro, se produce por la reducción biológica de sulfatos y la descomposición de material orgánico. Uno de sus efectos es la corrosión causada por el ácido sulfúrico formado a partir de la interacción de H2S con la humedad. **Para eliminarlo se usa oxidación con permanganato, pero con mucho cuidado**!

Todavía más preocupantes, son los riesgos de seguridad asociados con H2S. Este gas es sumamente tóxico y una causa principal de muerte entre los trabajadores de los sistemas de alcantarillado sanitario. Aunque desagradable y penetrante al principio, amortigua rápidamente el sentido del olfato y el trabajador puede no ser consciente de que está en una zona de peligro. Incluso a bajas concentraciones en el aire, la exposición a sulfuro de hidrógeno se ha vinculado a la fatiga, dolores de cabeza, irritación de los ojos, dolor de garganta y otros problemas de salud.

En efluentes de agua residual industrial, el valor máximo permitido por las normas nacionales es de 1.0 mg H2S/L

Turbidez (NTU)

Turbiedad o turbidez: Es el efecto óptico que se origina al dispersarse o interferirse el paso de los rayos de luz que atraviesan una muestra de agua, a causa de las partículas minerales u orgánicas que el líquido puede contener en forma de suspensión; tales como micro organismos, descargas directas a cuerpos de agua (desagües), arcilla, precipitaciones de óxidos diversos, carbonato de calcio precipitado, compuestos de aluminio, etc. Fitoplancton y algas (plantas microscópicas)

Consideramos este parámetro como muy significativo para la constitución del Índice de Contaminación en agua de uso común y en la determinación de la eficiencia en estaciones potabilizadoras, debido a que influye notablemente en la aceptación o no del líquido por parte del usuario, también porque es un indicador de contaminación potencial; y porque un alto nivel de turbidez en el agua puede dificultar y/o encarecer su proceso de tratamiento, tanto doméstico como general del líquido.

La turbidez puede impactar los ecosistemas acuáticos de diversos modos, entre otros:

• afectar la fotosíntesis (Al limitar el paso de la luz solar a la masa de agua).

• dificultar la respiración de los organismos acuáticos por limitar el oxigeno.

• a causa de lo anterior, aminorar la reproducción de la vida acuática.

• absorben calor del sol, haciendo que las aguas turbias se calienten.

• disminuye la capacidad de retención de agua por azolvamiento o sedimentación.

Para eliminar la turbidez del agua, se utilizan distintas técnicas, entre otras:

a) **Filtración rápida, lenta o tangencial del agua, y luego aplicar la desinfección con cloro el cual es el desinfectante y por ende clarificador barato y eficaz.**

b) **Utilizando Yodo, que es un desinfectante excelente para el agua, capaz de actuar contra bacterias y virus, y otros microorganismos transmitidos por el agua.**

c) **Por Adsorción, que consiste en un proceso donde un sólido se utiliza para eliminar una sustancia soluble en el agua. El uso de carbón activo es el principal elemento para tratar la turbidez, adsorbiendo diversas sustancias como metales pesados, colorantes, detergentes, sustancias de mal olor y color al agua, etc.**

d) **Mediante decantación, que es un proceso físico de separación de mezclas especialmente heterogéneos mediante la diferencia de densidad de los componentes** *(dejando decantar gravimétricamente durante un tiempo prudente).*

Según las recomendaciones de la Organización Mundial para la Salud (OMS), la turbidez del agua para consumo humano no debe ser más, en ningún caso, de 5 NTU, y estará idealmente por debajo de 1 NTU.

En nuestro país el valor límite recomendado es ≤ 5.0 NTU y el límite máximo permisible es de 10 NTU (unidades nefelométricas de turbidez).

Δ **De Temperaturas (Celsius).** (*Diferencia de temperaturas ambiental y muestral*)

La temperatura es un parámetro muy importante ya que influye en la obtención de resultados confiables en el campo o en el laboratorio. Así, por ejemplo, si medimos la conductividad de una muestra de agua usando un electrómetro que no posea la característica de compensación del resultado por efecto de temperatura, corremos el riesgo de obtener un resultado incorrecto.

La temperatura adecuada para la realización de los análisis del agua es aproximadamente 25 ° C, o por lo menos que esté en un rango cercano.

Regularmente no hay que controlarla (no siempre), **sino tomarla en cuenta y adecuar los resultados a su valor "naturalmente" encontrado.** *Considerando que ciertas condiciones naturales de temperatura son indicativo de alguna contaminación.*

Por otro lado, algunos procesos de purificación del líquido se ven interferidos por el mismo efecto; por ejemplo, ésta afecta sensiblemente la acción desinfectante del cloro residual, pués a menor temperatura se requiere de una mayor dosis para producir la misma desinfección.

Este parámetro también influye en muchas de las características de importancia técnica del agua; tales como la fuerza o esfuerzo iónico, constante dieléctrica, coeficientes de actividad monovalente y divalente, constante de disociación, solubilidad, pH, índices de Langelier, de Ryznar y de Agresividad, inactivación de bacterias, formación de Tri-halometanos, etc.

A pesar de su importancia, el efecto de la temperatura, frecuentemente no es tomado en cuenta en los modelos para evaluar el desempeño de los sistemas de tratamiento de aguas; pero en nuestros cálculos de eficiencia de los sistemas de tratamiento de agua y agua residual incluimos la temperatura del agua de donde se obtienen las muestras y la temperatura del ambiente (además de la presión atmosférica), porque la consideramos un factor esencial, además de que nos sirve para verificar que el porcentaje de saturación de oxígeno disuelto en los efluentes sea el apropiado.

En general, hay una relación estrecha entre Temperatura y O_2; la concentración mínima de oxígeno disuelto en el tanque de aireación se debe mantener en 1.0–2.0 mg O_2/L, aunque en algunos casos (sistemas con nitrificación) puede estar entre 2–4 mg O_2/L. Los valores superiores a 4 mg O_2/L apenas mejoran la operación pero aumentan considerablemente los costos de operación.

En consecuencia no se puede esperar mayor concentración de oxigeno en el efluente, que la existente en un tanque de aireación de agua residual, por lo cual consideramos que 2.5 mg O2/L en el efluente de agua residual es un valor bastante aceptable; por lo que los rangos de los porcentajes de saturación de O2 en aguas residuales se clasificarían del siguiente modo:

EXCELENTE: Mayor de 40 %
BUENO: 25 a 40 %
REGULAR: 10 a 25%
MALO: Menor de 10 %

Mientras, en el agua potabilizada y aguas superficiales, se evalúan los porcentajes de saturación de oxígeno, de acuerdo con la clasificación globalmente aceptada, que indicamos en el cuadro mostrado a continuación.

EXCELENTE: 85 a 115 %
BUENO: 60 a 85 % o 115 a 140
REGULAR: 40 a 60% o >140
MALO: Menor de 40 %

MUESTREO DE AGUAS Y AGUAS RESIDUALES

Dado que la composición y el volumen de los efluentes residuales varía conforme con el discurrir de los días, se aconseja tomar muestras en diferentes horas, a fin de tener una muestra correspondiente a la composición media. Examinar las mismas aguas varias veces durante el año, al menos cada estación. A veces puede ser útil muestrear en distintos puntos de un mismo sistema de tratamiento.

Las tomas de muestras se efectuarán en frascos limpios provistos de tapa, que se enjuagarán con el agua a examinar antes de ser completamente llenos y tapados bajo el agua (excepto para los análisis microbiológicos). No se recomienda la adición de antisépticos. Estas muestras se transportarán en hielo hasta el laboratorio, en un plazo máximo de 36 horas, debiendo practicarse determinaciones "in situ" de Conductividad, Temperatura, pH, Oxigeno Disuelto, DBO5, Cloro Residual, etc.

Las determinaciones físicas o químicas se han de practicar después del libre paso de la muestra a través de un tamiz de mallas de 5 mm de poro. Este agua así preparada se llama agua bruta tamizada.

Los tipos de muestras pueden ser así: simples, compuestas e integradas.

MUESTRAS SIMPLES: Tomadas en un tiempo y lugar determinado, para su análisis individual.

MUESTRAS COMPUESTAS: Obtenidas por mezcla y homogeneización de muestras simples recogidas en el mismo punto y en diferentes tiempos.

MUESTRAS INTEGRADAS: Obtenidas por mezcla y homogeneización de muestras simples recogidas en diferentes puntos, simultáneamente.

NOTA: Las muestras de agua para análisis microbiológicos deben ser muestras simples, nunca compuestas o integradas, de modo que la muestra para el laboratorio sea la obtenida en el punto de muestreo. Es preferible determinar el promedio de los análisis de varias muestras simples.

Tipos de muestreos

Muestreo en continuo: Empleando aparatos de toma de muestras automáticos y equipos analíticos "on line". Tienen el inconveniente del regularmente elevado precio de los equipos u que la representatividad y homogeneidad de las muestras está limitada por estar emplazado en un sitio fijo y que se puede ensuciar el dispositivo monitor.

Muestreo en controles discontinuos. Dentro de este sistema de muestreos tenemos:

Aleatorio Simple: muestras al azar.
Estratificado: se divide el muestreo en estratos relativamente homogéneos siguiendo un programa aleatorio, ponderando proporcionalmente los resultados según la importancia de los estratos.
Sistemático (el más usado): consiste en tomar muestras en intervalos constantes en el espacio y el tiempo. (Ejemplo: en periodos estables se realizan mensualmente y en periodos inestables semanal o diariamente).

Características generales del procedimiento de cálculo de la eficiencia.

Antes de ejecutar el procedimiento, recomendamos realizar una evaluación preliminar del sistema de tratamiento.

Entre los factores a investigar previo al cálculo de la eficiencia del sistema están:

1. Datos Generales; entre los cuales incluimos la localización, el origen del líquido, el tipo de agua a tratar, y detalles de las personas responsables de la supervisión y operación.

2. Procesos y/o componentes del sistema, a fin de saber cuales lo integran entre los más comúnmente utilizados en estaciones de tratamiento de aguas y aguas residuales. Por ejemplo: Desarenadores, Aireadores, Floculadores, Bombas, Mezcladoras, Clarificadores, Filtros Lentos, Filtros Rápidos, Lagunas de Estabilización, Digestores Anaerobios, Lodos Activados, Clorinadores, Bombas de Distribución, etc.

3. Hacemos una evaluación rápida de las condiciones aparentes de la planta de tratamiento, incluyendo accesos, estructuras (rejillas, válvulas, tuberías, dosificadores, laboratorio in situ, etc.); también chequeamos el suministro de energía eléctrica, el suministro de químicos y otros aspectos.

4. Además evaluamos los procesos por niveles; a saber: tratamiento primario, tratamiento secundario, procesos naturales de tratamiento biológico y procesos de tratamiento terciario (tales como micro, nano y ultrafiltración, carbón activado, luz ultravioleta, etc.). Ver anexo el Formulario de Evaluación Preliminar

Para facilitar el procedimiento de cálculo de la eficiencia total del sistema de tratamiento; así como las eficiencias parciales (por parámetro), hemos creado 5 hojas electrónicas desarrolladas en Excel que denominamos:

Descarga de Aguas Residuales Domésticas en Aguas Superficiales o Subsuelo
DARSUPSUB

Descarga de Aguas Residuales Domésticas en Aguas Costero-Marinas
DARCOSTA

Descarga de Aguas Residuales Industriales al Alcantarillado
DARINDALC

Descarga Industriales en Aguas Superficiales y Subsuelo
DARINDSUBSUP

Estación de Tratamiento de Agua Potabilizable
ETAP

A las que puede acceder mediante los enlaces disponibles en dicho software, el cual puede obtener con sólo escribirnos a información@grupoghen.com

Anexo formulario a continuación

FORMULARIO DE EVALUACION PRELIMINAR DEL SISTEMA

- Estación de Tratamiento de Aguas Potabilizables |____
- Estación Depuradora de Aguas Residuales ____|

1) DATOS GENERALES
- Localización_____
- Origen del influente_____
- Tipo de Agua a tratar: Potable ____ Residual ____ Pluvial ____ Otro * ___
- Encargado de la Supervisión_____ Tel._____
- Encargado de la Operación_____ Tel._____
- Evidencia de existencia de planos de la planta de tratamiento: Si☐ / No☐
- Coordenadas: Influente_____ Efluente_____
  * Detalles otro tipo de agua:[_____]

PROCESOS Y/O COMPONENTES DEL SISTEMA

Esquema de Estación de Tratamiento de Agua Potable

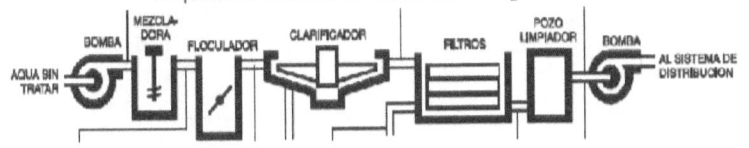

Fuente: Manual de Análisis de Agua, Hach Company, Loveland-Colorado EE. UU. 2000

Esquema de Estación Depuradora de Agua Residual

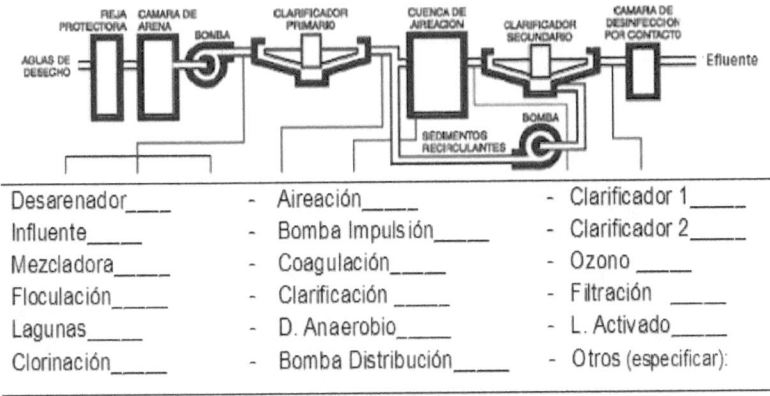

Desarenador____	- Aireación_____	- Clarificador 1_____
Influente_____	- Bomba Impulsión_____	- Clarificador 2_____
Mezcladora_____	- Coagulación_____	- Ozono _____
Floculación_____	- Clarificación _____	- Filtración _____
Lagunas_____	- D. Anaerobio_____	- L. Activado_____
Clorinación_____	- Bomba Distribución_____	- Otros (especificar):

2. CONDICIONES APARENTES DE LA PLANTA DE TRATAMIENTO		
ELEMENTOS OBSERVADOS	CONDICIONES APARENTES (Bueno, Regular, Malo, Inoperante)	OBSERVACIONES Y/O REQUERIMIENTOS
Acceso		
Estructura		
• Rejillas		
• Aereador		
• Bombas		
• Válvulas		
• Tuberías		
• Equipos de dosificación		
• Registradores de caudal		
• Desarenador		
• Laboratorio		
• Otros		
•		
•		
Suministro Energía eléctrica		
• Principal		
• Alterna		
• Transformador		
• Controles		
Suministro de Químicos		
• Sulfato de Aluminio		
• Cloro Gas		
• Regulador de pH		
Otros (Especificar)		
•		
•		

3. ACCESO A LAS INSTALACIONES

Vías de acceso disponibles (señañar con una X)   **Anotaciones:**

Tipo de transporte	Accesibilidad		
	Total	Parcial	Nula
A pie			
Terrestre			
Aéreo			
Fluvial			
Otros: Especificar			
Se parte de (lugar):	Se llega en: (número de horas)		

PROCESOS CON QUE CUENTA EL SISTEMA DE TRATAMIENTO
Resaltar los procesos disponibles, entre los siguientes:

Procesos de tratamiento primario, como tanques de sedimentación o tratamientos primarios mejorados con productos químicos.

Procesos de tratamiento secundario, tales como lagunajes aireados, lodos activados, reactores anaerobios UASB, filtros percoladores, contactores biológicos rotativos y zanjas de oxidación.

Procesos naturales de tratamiento biológico, tales como lagunas de estabilización, humedales artificiales, tratamiento Overland, Técnicas de filtros de nutrientes, el tratamiento del acuífero del suelo, alta tasa estanque de algas y sistemas de micrófitos acuáticos flotantes.

Procesos de tratamiento terciario, como la filtración de membrana (micro, nano y ultra-filtración y ósmosis inversa), infiltración / percolación, carbón activado y desinfección

Otros procesos:_____

_____   _____
Evaluador   Encargado

Fecha _____

USO DEL RECURSO DE CÁLCULO DE LA EFICIENCIA

Las hojas electrónicas que acompañan el texto nos sirven para calcular la eficiencia en los diversos tipos de estaciones de tratamiento de aguas potabilizables o de las aguas residuales, basados en las caracteristicas iniciales (influente) y en las caracteristicas finales del liquido (efluente). Para obtener el software, junto a otros recursos que le serán enviados; luego de obtener el libro, solicítelo a nuestra dirección electrónica: informacion@grupoghen.com

La herramienta cuenta con 6 hojas de cálculo; la primera denominada como INTRODUCCION, consta de 6 páginas; y se trata de una introducción teórica, además de los enlaces (macros) para acceder a cada conjunto de cálculo, dependiendo del tipo de sistema de tratamiento en cuestión. Anexamos algunas de esos 6 folios más adelante.

En esta hoja de INTRODUCCION podrá escoger el tipo de sistema de tratamiento, para el cual desee calcular su eficiencia:

1. *DARSUPSUB para descargas de aguas residuales domesticas en aguas superficiales o el subsuelo.*

2. *DARCOSTA para descargas de aguas residuales domesticas en aguas costero/marinas.*

3. *DARINDALC para descargas de aguas residuales industriales al alcantarillado.*

4. *DARINDSUPSUB para descargas industriales a superficies o subsuelo; y*

5. *ETAP para estaciones de tratamiento de aguas potables.*

A continuación le muestro algunas páginas de esta hoja electrónica:

EFICIENCIA DE UNA PLANTA DE TRATAMIENTO DE AGUAS

Y AGUAS RESIDUALES

Version e-PTA+AR 2.0

PARA DETERMINAR DE LA EFICIENCIA DE REMOCION DE CONTAMINANTES EN:

- Descargas de Aguas Residuales Domesticas en Aguas Superficiales o Subsuelo.
- Descargas de Aguas Residuales Domesticas en Aguas Costero-Marinas.
- Descargas de Aguas Residuales Industriales al Alcantarillado.
- Descargas de Aguas Residuales Industriales al subsuelo.
- Estaciones de Tratamiento de Aguas Potabilizables.

JUAN NICOLAS FAÑA B.
EDICIONES GHeN - 2018

GRUPO HIDRO-ECOLOGICO NACIONAL, INC.

....

↓ BAJAR ↓

Eficiencia en Plantas de Tratamiento de Aguas Potabilizables y Aguas Residuales

Desde hace algunas décadas, a nivel global se ha tenido conciencia de los problemas relacionados con la disposición final de los residuos líquidos, provenientes de los sectores industriales, comerciales, institucionales y domésticos, además, de que cada vez es más difícil lograr una eficiente potabilización del agua para beber, y por consiguiente se ha mostrado preocupación y se ha buscado la forma de resolver o por lo menos a minorar la contaminación proveniente de las aguas residuales.

No obstante, confunde con estudios realizados por la ONU "en el mundo solo se trata el 20% de las aguas residuales" (y de ese porcentaje habría que descontar las plantas de tratamiento que no funcionan eficientemente; imagine usted qué porcentaje se trata adecuadamente en República Dominicana)

Por otro lado los enfermedades relacionadas con el agua de bebida y usos domésticos, se cobran 3.5 millones de vidas anuales en América Latina, África y Asia, un valor que es superior a la suma de las muertes por SIDA y accidentes de auto

El director del Consejo Mundial del Agua, que agrupa a gobiernos, asociaciones y centros de investigación, Benedito Braga, advierte que: "Hay una necesidad absoluta de incrementar la seguridad hídrica para superar los desafíos que suponen el cambio climático y la influencia del hombre", en ese sentido es imposible negar el porcentaje de estrés hídrico por citar el de la ONU (provee que en 2030 la demanda mundial de agua un será superior en 40% a las provisiones naturales de agua, lo cual presionara aún más a situación.

Un ex-funcionario del INDRHI ha dicho, "Las aguas de desecho dispuestas en una corriente superficial (lagos, ríos, mar) sin ningún tratamiento (o con un tratamiento deficiente agrego yo), ocasionan graves inconvenientes de contaminación que afectan la flora y le fauna (y especialmente la vida humana). Estas aguas residuales antes de ser vertidas en las masas receptoras, deben recibir un tratamiento adecuado, capaz de modificar sus condiciones físicas, químicas y microbiológicas, para evitar que su disposición cause los problemas antes mencionados. El grado de tratamiento requerido en cada caso para las aguas residuales deberá responder a las condiciones que adquirirán los receptores en los cuales se haya producido su vertimiento.

Las plantas de tratamiento de aguas residuales y de potabilización deben ser diseñadas, construidas y operadas con el objetivo de convertir el efluente líquido proveniente del uso de las aguas de abastecimiento en un afluente final aceptable, y para disponer adecuadamente de los sólidos ofensivos que necesariamente son separados durante el proceso. Esto obliga a satisfacer ciertas normas o reglas capaces de garantizar la preservación de las aguas tratadas al límite de que su reuso posterior no sea desestabilizada.

Es pues, una responsabilidad ciudadana empresarial y humana toma conciencia de ...

→ BAJAR →

Hasta llegar a la pagina 6, donde encontrará los enlaces (macros) para acceder a las demás hojas de cálculo, como podrá observar en la siguiente imagen:

A continuacion escoger el recuadro que corresponda al tipo de liquido que se trata en la planta o estacion

DARSUPSUB

Descargas de aguas residuales domesticas en aguas superficiales o el subsuelo

DARINDALC

Descargas de aguas residuales industriales al sistema de alcantarillado

DARCOSTA

Descargas de aguas residuales domesticas en aguas costero-marinas

DARINDSUPSUB

Descargas de aguas residuales industriales en aguas superficiales o el subsuelo

ETAP

Efluente de una estacion de tratamiento de agua potable (Agua Potabilizada)

Sustituir datos teoricos indicados en las celdas de color verde de la hoja escogida, con los de su Planta de Tratamiento de Agua o Agua Residual.

AUTOR
J. N. Faña; Ing. Civil, Máster Educación Ambiental. Especialidades: Ing. Sanitaria, Gestión y Evaluación Ambiental, Nutrición y Fisiología Vegetal. Certificado INFOTEP de Aptitud Profesional Docente.

Al pulsar en uno de esos cuadros de color gris, será automáticamente dirigido a la hoja electrónica correspondiente al tipo de sistema de tratamiento elegido.

Para poder acceder automáticamente a la hoja de cálculo del sistema de tratamiento elegido, debe permitir la activación de macros al abrir el software en su equipo, pulsando en la celda con la palabra "Options" con lo cual abrirá la ventana de alerta de seguridad indicada abajo, en la cual deberá señalar la frase "Enable this content" y luego dar un clic en "OK"

↓↓

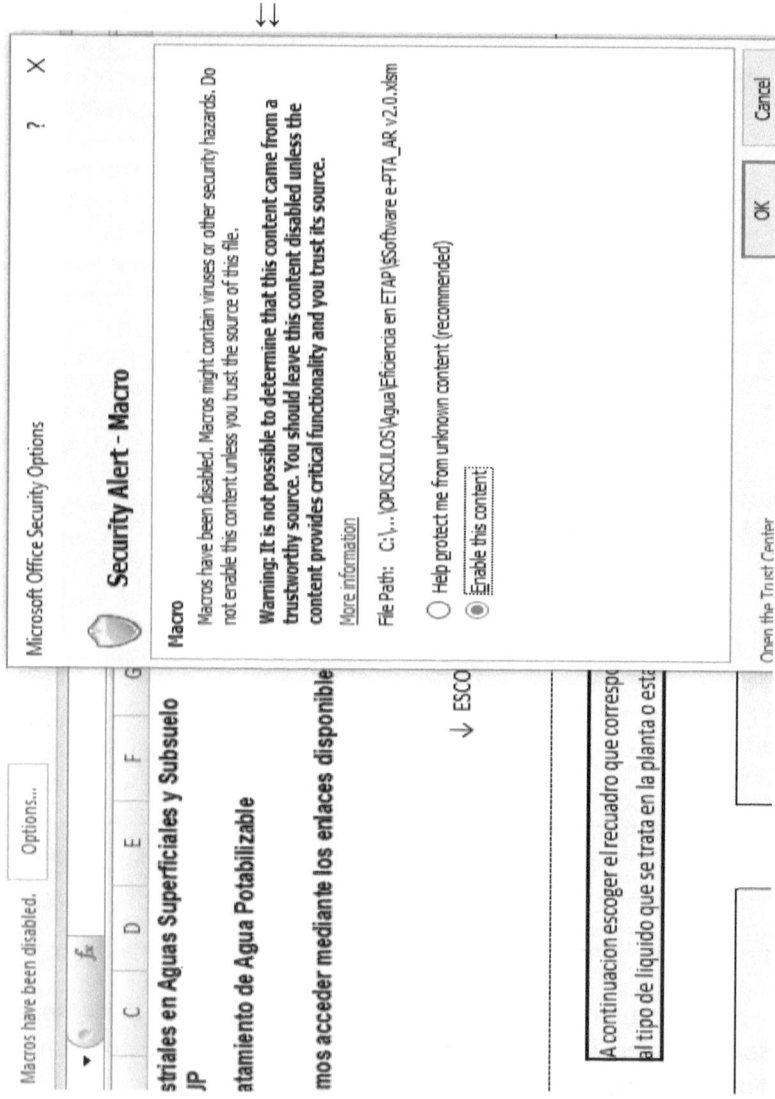

Una macro está compuesta por una serie de comandos que puede usar para automatizar una tarea repetitiva, y se puede ejecutar cuando haya que realizar la tarea.

Si un archivo contiene Macros, Microsoft Excel lo detecta por defecto cuando nos disponemos a abrirlo e impide que las Macros puedan funcionar. Además lo hace mediante una advertencia de seguridad en forma de barra o un cuadro que aparece por debajo de la cinta de opciones.

En el caso de que trabajemos frecuentemente con estos archivos que contienen Macros y confiemos en su contenido, podemos habilitar las Macros de forma constante para no obtener la advertencia de seguridad de Excel cada vez que abrimos un archivo; para ello debemos ir a la ficha Desarrollador, después en el Grupo Código, hacemos clic en Seguridad de Macros. Ahora en el panel de la izquierda tenemos que asegurarnos de que está seleccionada la opción Configuración de Macros; y en el panel de la derecha, tendríamos que habilitarlo.

Para cuidar la protección de su equipo al abrir el software, y asegurar que proceden de un origen confiable y que esté libre de virus informáticos, hemos utilizado el antivirus *Symantec Endpoint Protection®*.

Por ejemplo, si pulsamos en el recuadro **DARSUPSUB** nos redirigirá a la hoja de cálculo de eficiencia para sistemas de tratamiento de aguas residuales domesticas, cuyos efluentes sean vertidos en aguas superficiales (tales como arroyos, cañadas, rios, lagos, etc.) o en el subsuelo (pozos filtrantes, rios subterraneos, dren frances, etc.)

Aparecerá la página correspondiente a este tipo de agua residual, donde podremos introducir los datos que correspondan al sistema de tratamiento escogido:

1) Datos preliminares (que incluye Instalación, Fecha, Presión Atmosférica en el lugar, y Oxigeno Disuelto medido in situ)
2) Resultados de los análisis físico-químico-bacteriológicos del influente y el efluente del sistema (en este caso Cloro Residual, Coliformes Totales, DBO5, DQO, Fosfato, Grasas y Aceites, Amonio, Nitrógeno Total, pH, Sólidos Suspendidos y Δ Temperatura).

GRUPO HIDRO-ECOLOGICO NACIONAL, INC.(GHeN)

Software e-PTA+AR.v2.0

PROGRAMA DE CALCULO DE LA EFICIENCIA DE PTAR

Descargas de Aguas Residuales Domesticas en Aguas Superficiales o el Subsuelo

Autor: JNFaña - Dic. 2018

Lugar y/o Instalacion →	Santo Domingo		
Presion Atm. (mmHg) →	769.00	Oxigeno Disuelto:	6.30
Fecha (dia/mes/año) →	04/09/2019	In situ (mg/L)	En el efluente

SI DESEA REGRESAR A LA INTRODUCCION PULSE AQUI

Parametros de Criterio	Resutados en Influente	Resultados en efluente	Normativas	Eficiencia Parcial	Porcentaje No Ponderado
Cloro Residual (mg/L)	0.040	0.400	0.05 a 0.20	ACEPTABLE	85.67
Coliformes Totales (NMP/100 mL)	929.000	100.000	0 a 1000	ACEPTABLE	89.24
DBO5 (mg/L)	60.000	42.000	0 a 50	ACEPTABLE	30.00
DQO (mg/L)	155.000	44.000	0 a 160	ACEPTABLE	71.61
Fosfato (P-PO4) (mg/L)	3.100	0.440	0 a 3	ACEPTABLE	85.81
Grasas y Aceites (mg/L)	7.000	1.000	0 a 10	ACEPTABLE	85.71
Nitrogeno Amonio (NH4) (mg/L)	4.000	1.000	0 a 10	ACEPTABLE	75.00
Nitrogeno Total (NH4+NO3) (mg/L)	12.500	4.000	0 a 18	ACEPTABLE	68.00
pH (Adimensional)	5.500	8.000	6 a 8.5	ACEPTABLE	80.00
Solidos Suspendidos (mg/L)	55.000	22.000	0 a 50	ACEPTABLE	60.00
Δ de Temperaturas (°Celcius)	26.400	26.000	-3 a +3	ACEPTABLE	94.00

Con esos valores se definirá automáticamente si las eficiencias parciales son aceptables o no, y se calculara el porcentaje de eficiencia no ponderado, para cada indicador en particular; con lo que podremos visualizar rápidamente cuales son los parámetros más críticos; que requieren de control (que son representados por los valores más bajos). En este ejemplo observamos que la DBO5 es susceptible de mejora aunque la eficiencia parcial respecto a este parámetro es aceptable (porque en el efluente su valor disminuye respecto al influente y además está dentro del rango indicado por la normativa correspondiente… pero podría mejorar…)

La hoja electrónica también calculará la eficiencia parcial ponderada, conforme con los factores de ponderación, que fueron consensuados con un conjunto de expertos del Grupo Hidro-ecológico Nacional, Inc. **(GHeN).**

Además calculará la eficiencia general del sistema de tratamiento, tanto cuantitativa como cualitativamente; y el porcentaje de saturación de oxígeno, en base a los datos de presión atmosférica, temperatura del efluente y el oxigeno disuelto en ppm (datos suministrados previamente). También se mostrarán las normas que debe cumplir el tipo de agua en cuestión antes de ser vertida.

Normas que debe cumplir este tipo de agua residual

Tabla 4.1.1. Descargas de agua residual municipal en aguas superficiales y el subsuelo.

POBLACIÓN (HAB. EQUIV.)	VALORES MÁXIMOS PERMISIBLES								(NMP/100 ML)
	·	MG/L							
	pH	DBO₅	DQO	SS	N-NH₄	N-(NH₄+NO₃)	P-PO₄	Cl. Res.	C.T.
<5,000	6 - 8.5	50	160	50	·	·	·	0.05	1000
5,001 - 10,000	6 - 8.5	45	150	45	·	·	·	0.05	1000
10,001 - 100,000	6 - 8.5	35	130	40	10	18	3	0.05	1000
>100,000	6 - 8.5	35	130	35	10	18	2	0.05	1000

Nota: La producción de DBO5 de un habitante equivalente es aproximadamente 60 g/hab/d
Demanda biológica de oxígeno (DBO5)   Nitrógeno de amonio y nitratos N-(NH4+NO3)
Demanda química de oxígeno (DQO)   Fósforo de los ortofosfatos (P-PO4)
Sólidos en suspensión (SS)   Cloro residual (Cl. Res.)
Nitrógeno del amonio (N-NH4)   Coliformes totales (C.T.)

Para cada tipo de agua a tratar se ofrecen las normativas que debe cumplir para considerarse con la calidad debida.

También el resultado del cálculo de las eficiencias parciales ponderadas, la eficiencia promedio del sistema total y el porcentaje de saturación de oxígeno, como podemos ver abajo:

SI DESEA REGRESAR A LA INTRODUCCION PULSE AQUI

Parametros de Criterio	Eficiencia parcial % No Ponderado	Eficiencia parcial Ponderada	Factores de Ponderacion
Cloro Residual (mg/L)	85.672	8.567	0.10
Coliformes Totales (NMP/100 mL)	89.236	9.816	0.11
DBO5 (mg/L)	30.000	3.000	0.10
DQO (mg/L)	71.613	5.729	0.08
Fosfato (P-PO4) (mg/L)	85.806	6.865	0.08
Grasas y Aceites (mg/L)	85.714	8.571	0.10
Nitrogeno Amonio (NH4) (mg/L)	75.000	3.750	0.05
Nitrogeno Total (NH4+NO3) (mg/L)	68.000	5.440	0.08
pH (Adimensional)	80.000	8.000	0.10
Solidos Suspendidos (mg/L)	60.000	6.000	0.10
Δ de Temperaturas (°Celcius)	94.000	9.400	0.10
Eficiencia Promedio de la PTAR	↑ ↑ ↑ ↑	75.14 ◄	.BUENA... Eficiencia ◄

CLASIFICACION DE LA EFICIENCIA

Excelente: >90 a 100
Buena: >70 a 90
Mejorable: >50 a 70
Mala: >25 a 50
Pésima: 0 a 25

PORCENTAJE DE SATURACION DE OXIGENO : Interpretacion ↓

Presion Atmosferica insitu:	769.00	
Temperatura de muestra:	26.00	
Oxigeno disuelto in situ:	6.30	
SATURACION O2 (%):	77.04	

EXCELENTE: 85 a 115 %
BUENO: 60 a 85 % o 115 a 140
REGULAR: 40 a 60% o >140
MALO: Menor de 40 %

Otro Ejemplo.

Como segundo ejemplo; si pulsamos en el recuadro ETAP, la macro nos redirigirá a la hoja de cálculo de eficiencia para sistemas de tratamiento de aguas potabilizables, cuyos efluentes sean aguas potables destinadas al consumo humano.

De modo semejante al ejemplo anterior, aparecera la hoja correspondiente a este tipo de agua, donde podremos introducir los datos analizados, referentes al sistema de tratamiento de aguas potables en cuestión:

1) Igual que en el ejemplo anterior, se requieren los datos preliminares (que incluye Instalación, Fecha, Presión Atmosférica en el lugar, y Oxigeno Disuelto medido in situ)

2) En este caso se necesitan más análisis físico-químico-bacteriológicos del influente y el efluente del sistema, ya que se trata de agua tratada para su ingestión con inocuidad.

   En este caso los parámetros requeridos son: Arsénico, Cadmio, Cianuro, Cloro Residual, Cloruros, Cobre, Coliformes Fecales, Cromo Hexavalente, Dureza, Flúor, Hierro, Manganeso, Nitrato, pH, Plomo, Sólidos Disueltos Totales, Sulfato, Turbidez y Δ Temperatura.

   Como podemos ver en las proximas paginas; en este ejemplo hay parametros cuyas eficiencias parciales son muy bajas y requeriran control o mejoria, tales como el contenido de cianuro y la turbidez.

   Ademas de un llamado de atencion respecto a los coliformes fecales, ya que aunque el sistema es eficiente para disminuirlo en un 67%, el efluente no cumple todavia con la normativa correspondiente a ese parametro de criterio.

GRUPO HIDRO-ECOLOGICO NACIONAL, INC.(GHeN)

Software e-PTA+AR.v2.0

PROGRAMA DE CALCULO DE LA EFICIENCIA DE ETAP

Efluente de Estacion de Tratamiento de Agua Potable = (Agua Potabilizada)

Autor: JNFaña - Dic. 2018

Lugar y/o Instalacion →	Santo Domingo		
Presion Atm. (mmHg) →	765.00	Oxigeno Disuelto:	7.10
Fecha (dia/mes/año) →	04/09/2019	In situ (mg/L)	En el efluente

SI DESEA REGRESAR A LA INTRODUCCION PULSE AQUI

Parametros de Criterio	Resutados en Influente	Resutados en efluente	Normativas	Eficiencia Parcial	Porcentaje No Ponderado
Arsenico (mg/L)	0.09	0.04	0 a 0.05	ACEPTABLE	55.56
Cadmio (mg/L)	0.10	0.02	0 a 0.01	ACEPTABLE	80.00
Cianuros (mg/L)	0.070	0.060	0 a 0.05	CONTROLAR	14.29
Cloro Residual (mg/L)	0.100	1.050	0.2 a 1.0	ACEPTABLE	78.33
Cloruros (mg/L)	600.000	100.000	10 a 600	ACEPTABLE	83.33
Cobre (mg/L)	2.000	0.400	0 a 1	ACEPTABLE	80.00
Coliformes Fecales (UFC/mL)	6.000	2.000	0 e-Coli	CONTROLAR	66.67
Cromo Hexavalente (mg/L)	1.000	0.030	0 a 0.05	ACEPTABLE	97.00
Dureza (mg/L)	600.000	200.000	10 a 500	ACEPTABLE	66.67
Fluor (F) (mg/L)	1.300	0.300	0 a 0.8	ACEPTABLE	76.92
Hierro (mg/L)	7.000	0.200	0 a 0.3	ACEPTABLE	97.14
Manganeso (mg/L)	7.000	0.080	0 a 0.1	ACEPTABLE	98.86
Nitrato (mg/L)	12.000	3.000	0 a 45	ACEPTABLE	75.00
pH (Adimensional)	6.000	8.000	6.5 a 9.2	ACEPTABLE	94.00
Plomo (mg/L)	1.700	0.100	0 a 0.1	ACEPTABLE	94.12
Solidos Disueltos Totales (mg/L)	180.000	35.000	10 a 1500	ACEPTABLE	80.56
Sulfato (mg/L)	144.000	67.000	0 a 400	ACEPTABLE	53.47
Turbidez (NTU)	13.000	11.000	0 a 10	INACEPTABLE	15.38
Δ de Temperaturas (°Celcius)	30.000	31.000	-3 a +3	ACEPTABLE	92.50

Como ya mostramos, cada hoja electrónica correspondiente a cada tipo de líquido a tratar, calculará también la eficiencia parcial ponderada, conforme con los factores de ponderación, previamente consensuados.

Así mismo, calculará la eficiencia general del sistema de tratamiento, tanto cuantitativa como cualitativamente; y el porcentaje de saturación de oxigeno, en base a datos suministrados con antelación. También se mostrarán las normas que debe cumplir el agua potable antes de ser ingerida.

SI DESEA REGRESAR A LA INTRODUCCION PULSE AQUI

Parametros de Criterio	Eficiencia parcial % No Ponderado	Eficiencia parcial Ponderada	Factores de Ponderacion
Arsenico (mg/L)	55.556	3.333	0.06
Cadmio (mg/L)	80.000	4.800	0.06
Cianuros (mg/L)	14.286	0.857	0.06
Cloro Residual (mg/L)	78.333	4.700	0.06
Cloruros (mg/L)	83.333	3.333	0.04
Cobre (mg/L)	80.000	4.000	0.05
Coliformes Fecales (UFC/mL)	66.667	4.000	0.06
Cromo Hexavalente (mg/L)	97.000	5.820	0.06
Dureza (mg/L)	66.667	3.333	0.05
Fluor (F) (mg/L)	76.923	4.615	0.06
Hierro (mg/L)	97.143	4.857	0.05
Manganeso (mg/L)	98.857	5.931	0.06
Nitrato (mg/L)	75.000	3.000	0.04
pH (Adimensional)	94.000	4.700	0.05
Plomo (mg/L)	94.118	5.647	0.06
Solidos Disueltos Totales (mg/L)	80.556	3.222	0.04
Sulfato (mg/L)	53.472	2.674	0.05
Turbidez (NTU)	15.385	0.769	0.05
Δ de Temperaturas (°Celcius)	92.500	3.700	0.04
Eficiencia Promedio de la ETAP	↗ ↗ ↗ ↗	73.29 ◀	..BUENA... Eficiencia ◀

CLASIFICACION DE LA EFICIENCIA

Excelente: >80 a 100
Buena: >65 a 80
Mejorable: >50 a 65
Mala: >30 a 50
Pésima 0 a 30

PORCENTAJE SATURACION DE OXIGENO : Interpretacion

EXCELENTE: 85 a 115 %
BUENO: 60 a 85 % o 115 a 140
REGULAR: 40 a 60% o >140
MALO: Menor de 40 %

Presion Atmosferica insitu	765.00
Temperatura de muestra:	31.00
Oxigeno disuelto in situ:	7.10
SATURACION O2 (%):	**93.78**

Normas que debe cumplir este tipo de agua potabilizada

Requisitos físicos Características	Unidades	Límite Recomendado	Límite Máximo Permisible
Turbidez en unidades Nefelometricas de turbidez	Unidades de Turbidez	Menor de 5	10
Color, en unidades de la escala platino-cobalto	Unidades Hazen (platino-cobalto)	Menor de 10	50

Para optimizar la eficiencia parcial de los parametros criticos, asi como la eficiencia general de los sistemas de tratamientos intervenidos, puede remitirse a los parrafos previos, en los cuales indicamos como controlar o gestionar cada indicador susceptible de mejora, a fin de eficientizar los sistemas de tratamientos en cuestionamiento.

Continuacion Normas….

Requisitos químicos	Límite recomendado en mg/l	Límite máximo permisible en mg/l
Agentes Tensoactivos	0,0	1,0
Cloruro, como Cl	250,0	600,0
Cloro residual	0,2	1,0
Cobre, como Cu	1,0	1,0
Hierro, como Fe	0,3	0,3
Magnesio, como Mg	-	150,0
Calcio, como Ca	75	200,0
Manganeso, como Mn	0,1	0,1
Compuestos fenólicos	0,001	0,002
Sulfato, como SO4	200,0	400,0
Sólidos totales disueltos	500,0	1500,0
Zinc, como Zn	5,0	15,0
Dureza total como CaCO3	(50-200)	500,0
pH Mínimo	7,0	6,5
pH Máximo	8,5	9,2

Normas Agua Potabilizada (continuacion)

Requisitos toxicológicos	Límite máximo Permisible mg/l
Arsénico, como As.	0,05
Selenio, como Se.	0,05
Cadmio, como Cd.	0,01
Cianuro, como Cn.	0,05
Fluoruro, como F.	0,80
Cromo hexavalente, como Cr.	0,05
Plomo, como Pb.	0,10
Nitratos, como NO3	45

Requisitos bacteriológicos

El 90% durante cualquier período del año, el No de coliformes debe ser < 1 NMP/100 mL
No más de 10% al año, podrá existir un No de coliformes >1, y siempre < 10 NMP/100 mL
El contenido de *E. Coli* en 100 mL., debe ser siempre cero en todas las muestras examinadas

Fuente: Reglamento General de Aguas Para Consumo Humano en la República Dominicana 19/08/2003
Consejo Nacional de Salud (CNS)

Evaluación del Tema

El texto incluye esta auto-evaluación de los conocimientos expuestos en el mismo, para permitir que los lectores interesados obtengan un certificado electrónico codificado que acredite su esfuerzo, favor de resolver la evaluación y enviar a nuestro correo electrónico: información@grupoghen.com

EFICIENCIA EN SISTEMAS DE TRATAMIENTO DE AGUAS Y AGUAS RESIDUALES.

NOMBRE DEL PARTICIPANTE: ___

1. **Contestar las preguntas siguientes:**

a) ¿Con qué objetivo deben ser diseñadas, construidas y operadas las plantas de tratamiento de aguas residuales y de potabilización de aguas?

b) ¿Qué hacer al iniciar el estudio y evaluación de un sistema de tratamiento, para tener un diagnóstico previo de su funcionamiento y operación?

c) ¿Cómo se puede reducir o eliminar el contenido de cianuro, Fenoles, sulfuro y aceites + grasas en una planta de tratamiento?

d) ¿A qué se llama contacto primario en el agua?

e) ¿Qué diferencia hay entre los términos afluente e influente?

f) ¿Qué criterios a tomar en cuenta al diseñar las trampas de grasa?

g) ¿Cuáles son las causas de la contaminación del agua por metales pesados?

h) ¿Cuál es la relevancia de investigar la presencia de nitratos en las aguas?

i) ¿Cómo se convierten los mg/L de O2 en Porcentajes de Saturación de Oxigeno?

2. **Definir brevemente cada concepto:**

a) Procesos de Oxidación Biológica.

b) Nitrificación.

c) Bacterias Metanogénicas.

d) Eficiencia de una PTAR.

e) Capacidad de Asimilación.

3. **Señalar las afecciones de salud que puede producir la exposición a los siguientes contaminantes:**

a) Al Arsénico:

b) Al Cadmio:

c) Al Cianuro:

d) Al Cloruro:

e) Al Flúor:

4. En una planta de tratamiento de agua residual doméstica que descarga en el mar, los resultados de las analíticas son los indicados en la tabla mostrada abajo. Determinar:

a) Eficiencia Promedio_____
b) Porcentaje de Saturación de O2_____
c) Calificación de Eficiencia_____
d) Parámetro más crítico_____

e) ¿Cómo mejorar el parámetro más crítico en este sistema de tratamiento? *(A continuación le anexamos los resultados de los análisis realizados tanto al influente como al efluente del sistema).*

Parámetros de Criterio	Resultados en Influente	Resultados en efluente
Cloro Residual (mg/L)	0.01	0.22
Coliformes Totales (NMP/100 mL)	880.00	44.00
DBO5 (mg/L)	120.00	32.00
DQO (mg/L)	205.00	76.00
Fosfato (P-PO4) (mg/L)	3.10	0.94
Grasas y Aceites (mg/L)	11.00	9.40
Nitrógeno Amonio (NH4) (mg/L)	3.00	1.10
Nitrógeno Total (NH4+NO3) (mg/L)	32.50	4.00
pH (Adimensional)	5.50	7.20
Sólidos Suspendidos (mg/L)	52.00	19.00
Delta Temperaturas (° Celsius)	28.40	26.00
Presión Atmosférica (mm Hg)	763.50	
Oxígeno Disuelto (mg/L) en efluente	2.35	

Enviar la evaluación y si obtiene una calificación ≥ 75%, recibirá un certificado de aprobación del curso "Calculo de Eficiencia en Plantas de Tratamiento de Aguas y Aguas residuales. En caso de no obtener dicha calificación, tendrá una segunda oportunidad para lograrlo.

informacion@grupoghen.com / https://www.grupoghen.com

PRINCIPALES EQUIPOS QUE UTILIZAMOS EN NUESTRO LABORATORIO

1) **Espectrofotómetro DR 4000 U:** Este es el espectrofotómetro más moderno de la compañía HACH Co. Con éste pueden analizarse más de 120 parámetros en una muestra de agua, 84

de los cuales vienen pre-programados y certificados de fabrica y los demás pueden ser programados por el usuario siguiendo metodologías indicadas por el fabricante. Nuestro equipo puede hacer mediciones en el rango de luz visible y ultravioleta, lo cual expande aún más sus posibilidades.

2) **Medidor SensION2 para electrodos Ión-Selectivos (ISE METER):** Este equipo nos sirve para realizar mediciones avanzadas de pH, Oxidación-Reducción Potencial, concentración de Fluoruros, Cianuro, Plata, Plomo, Níquel y

otros metales pesados. Permite la conexión de múltiples electrodos y ofrece lecturas de los parámetros con compensación automática de temperatura, la cual es desplegada junto a la medición en cuestión. También posee una salida RS232 para su conexión mediante interfase a una computadora, donde pueden almacenarse los datos para su uso a posteriori.

3) **Reactor DQO digitalizado, Modelo DRB 200:** Este es el reactor DQO más moderno fabricado por la prestigiosa empresa alemana HACH Co. Para la determinación de la Demanda Química de Oxígeno empleamos el METODO 8000 de digestión en reactor (Aprobado por la EPA). Cada frasco previamente

preparado contiene, para la minimización de las interferencias por cloruros, una cantidad especificada de Sulfato de Mercurio ($HgSO_4$) que minimiza o "resta" la DQO por Cloruros hasta un nivel promedio de 1000 mg/L en muestras sin diluir, y un múltiplo de 1000 mg/L,

en muestras diluidas. El reactor está programado de fabrica para realzar también TOC, DQO, metales pesados, trihalometanos; y otros parámetros

4) Otros:

Para completar la caracterización de aguas y aguas residuales, se utilizan procedimientos de análisis estandarizados, y técnicas analíticas propuestas o aprobadas por la USEPA o por el Standard Methods for the Examination of Water and Wastewater (versión 21ª del 2005; editada por WEF-AWWA-APHA, ISBN 0-87553-047-8), usando equipos de marca HACH y SARTORIUS, que incluyen, entre otros, electrodos, colorímetros, titulaciones, reactores, test de cubeta, discos cromáticos; y diversos kits microbiológicos y de análisis químicos individuales, como los mostrados aquí, a título de ejemplo.

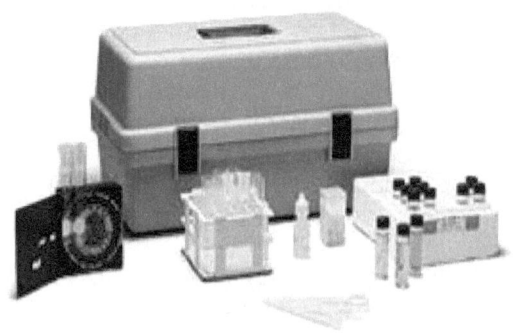

Ejemplo que otros equipos utilizados.

JNFaña-Environmental

RESUMEN DE LAS LABORES QUE EJERCEMOS EN EL AREA AMBIENTAL
Nuestro Objetivo: satisfacer las necesidades de empresas e instituciones, así como de prestadores de servicios ambientales particulares o empresariales; para integrar el aspecto ambiental en sus actuaciones y proyectos o para colaborar en el ejercicio profesional de otros prestadores de servicios ambientales.

CAMPOS BASICOS EN LOS QUE TRABAJAMOS
Ambiente Laboral:
Radiaciones Ionizantes y no ionizantes; y exposición a Gas Radón.
Calidad del Aire Interior, Cuartos Limpios, (salud laboral).
Iluminación Óptima en Áreas de Trabajo.
Confort en el Trabajo (Ergonometría).
Monitoreo Ruidos Ocupacionales.

Medio Físico:
Emisiones de Gases (emisiones en generación eléctrica y calderas).
Estudios Edafológicos y fertilización racional, Hidrocarburos, etc.
Calidad del Aire Ambiental (inmisión de gases y partículas).
Calidad del Agua y Caracterización de Aguas Residuales.
Ruido Ambiental y Mapas Acústicos.

Ingeniería Sanitaria y Saneamiento:
Diseño y Construcción de Plantas de Tratamiento de Aguas y Aguas Residuales.
Cálculo de Índice de Calidad del Agua e Índice de Contaminación Residual.
Protocolo de Disposición y Monitoreo de los Desechos Sólidos.
Determinación de la Eficiencia en Plantas de Tratamiento.

Sistema de Verificación Vehicular:
Verificación y Certificación de Componentes y Accesorios Físicos Vehiculares. (Retrovisores, luces direccionales, 5ª rueda, frenos, botiquín, triángulo).
Gases en Vehículos Combustión Interna (CO, CO2, O2, HC, NOx).
Opacidad en Vehículos de Gasoil.

Cumplimiento Ambiental:
Diseño de Formatos y Estados de Cumplimiento (formularios de cumplimiento).
Programas de Monitoreo para ICAs (monitoreo de informe de cumplimiento).
Estudios de Impacto Ambiental (Evaluación y Declaración de Impacto).
Elaboración de Informes de Cumplimiento Ambiental (ICAs).

Juan Nicolás Faña B. (CODIA # 3231 / PSA # 00-002)

*JNFaña-Environmental es un grupo de profesionales integrado por más de 20 consultores dominicanos y más de 100 técnicos medios y altos pertenecientes al Grupo Hidro-ecológico Nacional, Inc.(GHeN)

informacion@grupoghen.com / https://www.grupoghen.com

Datos del autor:

Juan Nicolás Faña Batista

Nació en Santiago de los Caballeros, el 10 de Septiembre del 1949, donde inicia su admiración y cuidados por la naturaleza, militando en el Movimiento Scout Dominicano, desde los 12 hasta los 21 años.

Comienza su labor educativa de más de 2 décadas como Profesor en la Escuela Primaria J. Ma. Imbert y en el Liceo P. Ma. Espaillat, del Municipio de Navarrete, en el año 1967; acción que luego ejerce en el Colegio Arroyo Hondo, en Compusistemas-Domínico Americano, en la Universidad Eugenio María de Hostos, hasta el año 1990, en la Universidad Experimental Félix Adam (UNEFA), hasta el 2014 finalizando con el Diplomado en Análisis Ambiental Instrumental (ofrecido para profesionales en una alianza docente del GHeN y UNEFA; con la colaboración y en los salones del Ministerio de Medio Ambiente y Recursos Naturales). Además, desde 1995 hasta el 2020 se desempeña como consultor ambiental de múltiples empresas nacionales e internacionales, y desde el 2000 hasta la fecha, como prestador de servicios ambientales registrado en el Ministerio de Medio Ambiente y Recursos Naturales de la República Dominicana.

El autor es Ingeniero Civil (CODIA # 3231), post-graduado y participante en decenas de cursos, especialidades, seminarios y eventos relacionados con el Medio Ambiente. Entre otros:

HACCP, Manejo de Aguas Residuales, Acueductos - Alcantarillados, Evaluación de la Contaminación, Diseño y Construcción de Presas de Tierra, Métodos HACH de Análisis Físico-Químico, Valoración de Recursos Naturales e Impactos Ambientales, Diseño, Construcción y Cierre de Vertederos, Tratamiento de RILES, Clean Production, Análisis Químico - Bacteriológico del Agua, Curso Superior en Nutrición y Fisiología Vegetal, Máster en Educación Ambiental…entre otros.

===

EPILOGO

Las sociedades en general reconocen hoy que se impone el tratamiento eficiente de las aguas y aguas residuales, dada la creciente presión que sufren los recursos hídricos en el mundo entero; para permitir su correcto tratamiento y posterior utilización a niveles urbanos, agrícolas, industriales, recreativos y ambientales, tales como recarga de acuíferos, riegos agrícolas, recuperación de materias primas, refrigeración, alimentación de calderas, lucha contra incendios, construcción, eliminación de polvos, relleno de humedales, lagos, etc.

El Consejo Económico y Social de las Naciones Unidas viene hablando desde 1958 de "la política de no utilización de recursos de mayor calidad en usos que pueden tolerar calidades más bajas".

Esto significa mejor planificación en usos y tratamientos eficientes de los recursos hídricos, gestionando su calidad, de lo cual se deriva el desarrollo del concepto de reutilización.

Espero que el texto sirva para incrementar la conciencia respecto a la situación actual de esos valiosos recursos, para vigilar la eficiencia de los tratamientos, de modo que se pueda lograr la regeneración de esos residuales líquidos.

Debemos trabajar con las aguas residuales hasta alcanzar los niveles de calidad sanitaria y ambiental necesarios antes de su reuso; y/o para disminuir la contaminación particular y general en caso de que vayan a ser vertidos en aguas superficiales, alcantarillas o el subsuelo.

Al respecto nos remitimos a las sabias palabras proferidas por una persona destacada a nivel mundial:

Se trata de *IRINA BOKOVA. Directora General de la UNESCO.*

Fuente: WWAP (Programa Mundial de Evaluación de los Recursos Hídricos de las Naciones Unidas). 2017. Informe Mundial de las Naciones Unidas sobre el Desarrollo de los Recursos Hídricos 2017. Aguas residuales: El recurso desaprovechado. París, UNESCO.

Citamos…

"Las aguas servidas siempre fueron consideradas simplemente una complicación a ser desechada, cuando no completamente ignoradas.

"Sin embargo, esta concepción está cambiando porque la escasez de agua aumenta en muchas regiones y se comienza a reconocer la importancia de la recolección, tratamiento y reutilización de las aguas residuales".

"Para seguir avanzando es imprescindible contar con una mayor aprobación social con respecto a la utilización de aguas residuales.

"He aquí la importancia de la educación y capacitación, y de las nuevas formas de sensibilización para modificar la creencia de que estas aguas conllevan *(siempre)* un riesgo para la salud y así ocuparse de las inquietudes socioculturales para fomentar la aprobación pública".

www.ingramcontent.com/pod-product-compliance
Lightning Source LLC
Chambersburg PA
CBHW020559220526
45463CB00006B/2370